产品符号设计

Product Symbol Design

吴琼 著

U0235071

化学工业出版社

·北京·

内容简介

本书在厘清中英文语境下的符号概念的基础上，基于索绪尔的符号二元论，融合皮尔斯的符号三元论和莫里斯的符号学三分法，提出产品语构学、产品语义学和产品语用学设计原则，进行产品系统设计过程中的产品语义解构、重构和传播效能评价，阐述产品符号设计的程序与方法，并借助产学实践案例进行验证和诠释。

本书可以作为设计学和艺术专业产品设计方向研究生的学习教材，工业设计和产品设计专业本科生、专科生的课外读物，以及产品设计师的参考资料。

图书在版编目(CIP)数据

产品符号设计/吴琼著. —北京：化学工业出版社，2023.3(2025.1重印)
ISBN 978-7-122-42792-2

Ⅰ. ①产… Ⅱ. ①吴… Ⅲ. ①产品设计
Ⅳ.①TB472

中国国家版本馆CIP数据核字（2023）第016195号

责任编辑：李彦玲　　　　　　　　文字编辑：谢晓馨　陈小滔
责任校对：宋　夏　　　　　　　　装帧设计：王晓宇

出版发行：化学工业出版社（北京市东城区青年湖南街 13 号　邮政编码 100011）
印　　装：北京建宏印刷有限公司
787mm×1092mm　1/16　印张9　字数177千字　2025 年 1 月北京第 1 版第 2 次印刷

购书咨询：010-64518888　　　　　　售后服务：010-64518899
网　　址：http://www.cip.com.cn
凡购买本书，如有缺损质量问题，本社销售中心负责调换。

定　　价：38.00元

前言
PREFACE

改革开放四十多年，我国制造业从订单制造、订单设计制造到自主设计制造，产业链越来越完善，产能越来越强大，现已成为全球制造业中心。在制造业转型升级的过程中，工业设计发挥了巨大的作用。但是，相比发达国家，我国设计学科围绕产品设计的理论研究水平仍有较大的差距。工业设计专业人才培养过程中，常常热衷于产品造型设计，而忽视学生从事产品系统设计必要的理性思维和美学素养教学。笔者在三十余年的教学和科研实践中，深切意识到产品设计评价体系建设能更好地提高工业设计的成效，深入学习国内外同仁对相关问题的研究成果，发现基于符号学的反馈机制建设是设计评价体系构成的必要过程。为此，在张宪荣教授、徐恒醇教授等前辈产品符号学专著和同窗学友张凌浩教授产品语义学专著的基础上，编写了本书。

本书遵循莫里斯的符号学三分法，把产品符号学分为产品语构学、产品语义学和产品语用学，对应产品系统设计的概念设计、造型设计和设计评价三个过程，探究产品语义传播的有效路径和方法。噪声控制和反馈机制建设是研究的重点，贯穿产品设计的全过程。根据英文和中文对符号概念的定义，重新界定符号的概念；根据噪声形成的语境，把噪声分为机械噪声和歧义噪声，提出相应的噪声控制方法；根据语构学、语义学和语用学规范，提出产品系统设计过程语义解构、语义重构和语义传播效能验证必要的设计原则和流程。正如张剑教授所言，产品符号设计研究的目的不是形成具体的方法论，而是借助符号学语义传播的科学路径和方法，不断验证产品系统设计理论的重要意义，不断完善产品系统设计的微观方法论。

本书是江苏省社会科学基金重点项目 18YSA001 "产品符号设计研究" 的研究成果，是本人从事工业设计教学科研经验和教训的总结，所有设计案例都是本人及学生的习作。同时，感谢广东凌丰家居用品股份有限公司、常州智云天工有限公司、琦瑞科技（江苏）有限公司等产学研单位的大力支持！面对工业设计产业的蓬勃发展，本人的学习和进步略显不足，若有论述不当和欠缺之处，敬请专家、同仁和广大读者批评指正。

2022年9月15日于南京工业大学亚青村寓所

目录

CONTENTS

目录

CONTENTS

第一章

产品符号学概论

第一节　符号

一、符号的由来

在日常生活中，人们往往为了方便起见用一个简单的代号来代替另一个复杂的对象或概念。❶如在生活中常用红色的"+"代表医院，用红色的三角形代表警示，在科学著作中这样的符号更是比比皆是（图1-1）。

图 1-1　生活中的常见符号

自人类文明诞生起，符号就已经存在了。人类的一切活动都离不开符号，符号是文化的根基，符号作为文化传承的重要方式及手段流传已久。人类是这个星球上唯一的"文化动物"和"符号动物"，在生产和生活过程中人类思维和人际交往都离不开符号，并且符号随着人类社会的发展而不断发展变化。8000多年前，我们的祖先在墙壁、石头、陶器、动物甲骨上雕刻图形"符号"（图1-2），描述生活习俗以及重大事件。公元前3200年，由苏美尔人发明的楔形文字也是用于传达信息的一种"符号"视觉形式（图1-3）。

图 1-2　中国甲骨文

图 1-3　苏美尔楔形文字

---

❶盛敏.从符号学角度看博物馆展陈设计 [C]// 江苏省博物馆学会.2011 学术年会论文集.北京：文物出版社，2011：108-115.

古代东西方的先贤们对符号的概念都有过论述。战国中期，名家代表人物公孙龙（公元前320—前250年）在《公孙龙子·指物论》中就提到："物莫非指，而指非指。""指"为对象符号，这句话论述了符号具有意指的作用。战国末期，著名思想家和政治家荀子（公元前313—前238年）在《荀子·正名篇》中提到："名无固宜，约之以命，约定俗成谓之宜，异于约则谓之不宜。"荀子认为符号具有约定俗成的性质。古希腊的亚里士多德（公元前384—前322年）在《范畴篇·解释篇》中提出："口语是心灵的经验符号，而文学则是口语符号。"古罗马的奥古斯丁（公元354—430年）在《论基督教教义》和《忏悔录》中认为："符号就是这样一种东西，加诸感觉印象之外的某种东西。"

工业革命以来，现代西方学者对符号的研究渐成体系。现代语言学之父索绪尔认为，符号是意指和能指的二元关系。美国符号学家皮尔斯认为，符号是在某些方面或某种能力上相对于某人而代表某物的东西。德国哲学家卡西尔认为，符号是人类意义世界的一部分。法国语言学家杜克洛和符号学家托多罗夫在《言语科学百科词典》一书中指出："符号是使我们想起另外一个事物的物体。"美国符号学家莫里斯在《指号、语言和行为》一书中谈到："一个符号代表它以外的物体。"美国心理学家弗洛姆认为，符号是人们内心世界，即灵魂与精神的一种象征。瑞士心理学家荣格认为，符号不是对信息的掩盖，而恰恰是对信息的揭示。法国符号学家罗兰·巴尔特在其《符号学原理》一书中写到："自从人类构成社会以来，对实物的任何使用都会变为这种使用的符号。"美国符号学家苏珊·朗格认为："符号即我们能够用以进行抽象的某种方法。"苏联语言符号学家济诺维耶夫认为："符号是处于特殊关系中的事物，其中没有，而且也不可能有任何思想的东西……符号的意义并不表现在它本身上，而是在符号之外。"苏联心理学家列昂季耶夫认为："符号既不是真实的事物，也不是现实的形象，而是概括了该事物功能特征的一种模式。"意大利符号学家艾柯认为，符号是依据事先确立的社会规范代表其他某物的某物。

改革开放之后，我国学者关注到西方符号学理论研究的成果。天津大学徐恒醇教授针对《广义符号学及其在设计中的应用》一书谈到："符号是利用一定媒介来代表或者指称某一事物的东西。"四川大学赵毅衡教授认为，符号是被认为携带意义的感知。上海大学张宪荣教授认为，符号必须是能指与所指的双面体，必须是人类的创造物，还必须构成独立于客观世界的系统。

二、符号的定义

符号是人类通过约定俗成的认知规范传递信息、意义及事物象征的媒介形式，是一种以简单表达复杂、以具体表达抽象的意义传播工具。符号是信息传递的载体，可以满足人类信息传达的物质化活动。符号是人类沟通的桥梁，是人类进行一切社会活动的载体。

1. 不同语境下符号概念的界定

在西方，"符号"一词最早出现于古罗马时期的哲学家盖伦的著作《符号学》（*Semiotics*）中。现代西方符号学界在谈论符号学时，一般使用 semiotics；在提及符号时，常常出现 sign 和 symbol 混用的现象。symbol 一词衍生于古希腊语 symbolum，语源意义是"扔在一起"，表示合同或约定的形成过程。《牛津简明英语词典》对 symbol 一词的定义有两条：一是一物在习俗上体现、再现、提醒了另一物，尤其是一种思想或品质（例如白色是纯洁的象征）；二是一个标志或字，习惯上作为某个对象、思想、功能、过程的符号（例如字母代替化学元素、乐谱的标记）。前一定义对应汉语"象征"；后一定义与英语"标记"（sign）同义，对应汉语"符号"。❶ 可见，这是英语语境下 sign 和 symbol 混用的根源。我们可以理解为：symbol 为象征符号（意指不是唯一的），sign 为特指符号（意指是唯一的）。

在我国古汉语中没有"符号"一词，"符"和"号"是分开使用的。《辞源》中，"符"指古代朝廷用以调兵遣将的凭证，祥瑞的征兆，道士用以驱鬼治病等的秘密文书，等等；"号"意为号令、命令，标识，名称，宣称、扬言，用数字编定的次第，等等。用兵以"符"为"号"。"符号"这个中文词，是赵元任在 1926 年一篇题为"符号学大纲"的长文中提出来的（此文刊登于上海《科学》杂志上）。❷ 在赵元任之后的几十年，"符号学"由于国内的政治生态问题暂时消失了。直到 1959 年，周熙良翻译的波亨斯基的《论数理逻辑》中再次提及了符号学问题。1961 年，由贾彦德、吴棠翻译，刊发于《语言学资料》1963 年 5 月号的《苏联科学院文学与语言学部关于苏联语言学的迫切理论问题和发展前景的全体会议》一文，把"符号学"这个名词正式确定。在汉语中，"象征"与"符号"这两个术语本不会混淆。在实际应用中，符号包含了意指唯一和不唯一的所有符号。具体符号因功能不同，通过加前缀来区分概念，如"指示符号""象征符号"。

2. 符号与信号的区别

符号是人类特有的信息交流方式。在动物的行为中，可以看到相当复杂的信号和信号系统，但这并不代表动物会使用符号。信号和符号属于两个不同的领域。卡西尔曾提醒世人："符号，就这个词的本来意义而言，是不可能被还原为单纯的信号的。信号是物理的存在世界部分之一，符号则是人类的意义世界部分之一。"❸

符号是人工信息，不同于自然信息。自然信息是指自然过程本身所产生的信息变量，它可以是一种生物的、物理的或病理学的现象，是自然过程运动而表现出的变化征象。例如，

---

❶ 赵毅衡. 符号、象征、象征符号以及品牌的象征化 [J]. 贵州社会科学，2010（9）：4-8.

❷ 赵毅衡. 中国符号学六十年 [J]. 四川大学学报（哲学社会科学版），2012（1）：5-13.

❸ 卡西尔. 论人：人类文化哲学导论 [M]. 刘述先，译. 桂林：广西师范大学出版社，2006：40.

春华秋实，开花结果；岁月会使人出现白发并衰老；乌云和狂风成为下雨的先兆（图1-4）。这些自然过程所产生的信息只是一种信号。而符号是指人类可以用来辨认意义的物体（实物、文字、图像等），它的意义是人们赋予的（图1-5）。它是一种学习的过程，从建立到形成一个共同的意义，需要通过人们的协定，从而赋予符号一定的含义。换言之，人们对符号的理解来源于社会经验。例如，普通的烟雾只是起火的一个表象，但只要通过协议，烟雾就可以成为警报的象征。这说明，一些经过人们认可的特征现象可以成为代表这个事物的符号，这些符号来源于生活体会或者生活经验，形成一种共识的寓意。❶

图1-4　暴雨信号

图1-5　暴雨符号

三、符号的功能

从符号的功能来看，符号可以用来传达信息、传播意义以及作为一些事物的象征。符号简化了对事物的表达。

符号的功能主要有三点：首先，符号具有识别、区别和标识功能；其次，符号是事物的替代物，它能够代替实体，进入思维（图1-6）；最后，符号是思想的外化，即思想的外显功能。根据符号的功能可将符号分为：名词性符号，如某些商品的名称，以及表示事物或现象的名称；命题性符号，即用一句话来表示的或者表示一句话的符号形式；论证性符号，例如，若 $A=1$ 则 $1+A=2$，体现了一种推理过程，具有内部逻辑性。❷

图1-6　奶牛奶锅

---

❶ 燕航程，吴琼．设计符号学指导的产品设计 [J]. 工业设计，2016（9）：101-103.

❷ 谢一槐．符号学原理在平面设计中的运用探究 [J]. 艺术科技，2012（4）：50-53.

符号往往包含了人类特定的情感、思想或经历，是一种抽象性的形式或结构，目的是实现这种情感、思想或经历的广泛认同，从而便于社会大众的理解与表达。法国著名的符号学家皮埃尔·吉罗（P. Guiraud）曾在其著作中指出，建立符号的目的是进行传播。他认为符号具有五大功能，其中最关键也是最重要的功能是通过特定的形式来传播某种信号，以达到可供社会认识与理解的目的。❶

（1）指代功能。这是符号的基本功能，主要是指符号所意指的对象与符号之间有着特定的意义联系。但在指代意指对象的过程中也具有一定的不足：一方面是不确定所需传达的信息是否客观；另一方面是与客观内容有所偏差。

（2）情感功能。该功能建立在基本指代功能的基础上，通过特定符号要素，如语言、行为或是其他的方式，来传达意指对象背后的观念与情感，体现意指对象的价值认知。情感功能偏向主观的情感体现，而指代功能偏向客观的意义传达，二者相辅相成，共同完成意指对象的信息传达，被大众理解与接受。

（3）指令功能或表意功能。其意义是为了确定符号是否完成了自身应该具备的指代功能和情感功能，以及符号所传达的信息是否得到了大众的积极反馈。

（4）诗歌功能或美学功能。最早由雅克布森（Jakobsoon）提出，认为符号不仅应该具备意义价值，也应该具备美学价值，并且着重强调了美学价值。该功能偏向于从艺术、文学的角度出发，让符号不再单纯地传播意指对象的意义，其自身也是一种艺术对象，应该拥有特定的形象与风格。

（5）交流功能。其目的主要是实现信息的传播和沟通，得到大众的评价与定论。

四、符号的形式

符号也属于传播媒介的一种形式，属于一类外在的表现形式，拥有一定程度的指涉性能。其涉及的项目相对较多，在不同行业中构成了不一样的符号系统，但综合来讲，图像、指示、象征属于符号具有的三种大的类别（图1-7～图1-9）。符号是将所指对象浓缩于简练的表现之中，传达各种信息。符号是信息的物质载体，出现在人类的社会劳动中，具有明确的意指作用，是沟通人与世界的桥梁和精神媒体介质。仅通过符号进行传播的方式，人类就可以进行内容的传递以及相互的沟通。符号使人与环境形成了一种中介化的关系，将人从活动有限的、被动的有机体提升为具有智慧和创造力的行为主体。❷

---

❶ 皮埃尔·吉罗. 符号学概论 [M]. 怀宇，译. 成都：四川人民出版社，1988：5.
❷ 黄帅，孟利清. 浅谈设计符号学在旅游文创产品设计中的应用 [J]. 工业设计，2018（12）：52-53.

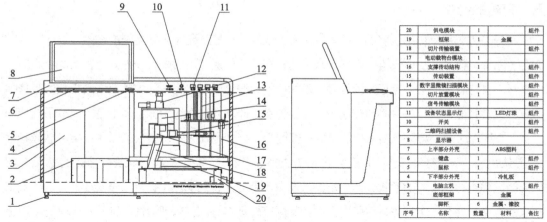

20	供电模块	1		组件
19	框架	1	金属	
18	切片传输装置	1		组件
17	电动载物台模块	1		
16	支撑传动结构	1		组件
15	传动装置	1		组件
14	数字显微镜扫描模块	1		组件
13	切片放置模块	1		组件
12	信号传输模块	1		组件
11	设备状态显示灯	1	LED灯珠	组件
10	开关	1		组件
9	二维码扫描设备	1		组件
8	显示器	1		
7	上半部分外壳	1	ABS塑料	
6	键盘	1		组件
5	鼠标	1		组件
4	下半部分外壳	1	冷轧板	
3	电脑主机	1		组件
2	底部框架	1	金属	
1	脚杯	6	金属、橡胶	
序号	名称	数量	材料	备注

图 1-7　图像符号

图 1-8　指示符号

图 1-9　象征符号

五、符号的特性

符号是人类用来传达信息的代码。[1] 对人们来说,符号是无时无刻无处不在的,它通常会以文字、图片、物品、动作或语言的形式来传达,在多次传播使用后成为一种固定答案供今后的人们参考。符号有三个必备特征:符号必须是物质的;符号必须传递一种本质上不同于载体本身的信息,代表其他东西;符号必须传递一种社会信息,即社会习惯约定的,而不是个人赋予的特殊意义。[2] 符号这三个特征由如下特性形成:普遍性,符号是开放的,大众可以通过学习掌握其意义;[3] 认知性,所有符号都会以人们可以认知的形式特指其特殊的意义;稳定性,符号是人们在信息传播过程中约定俗成的形式,在一定的时期内不会变异;继承性,随着世事变迁,符号形式和蕴含的意义都会有一定变化,但仍然会保持其原有的基本特征;可创造性,符号本来就是以简单表达复杂、以具体表达抽象意义的传播工具,人们在工作和生活中不断地改进和创造着新符号。

第二节　符号学

一、符号学的由来

1. 西方的符号学发展

西方有关符号学的记载和论断早在古希腊－罗马时期就已现端倪。公元前460—前370年,"西方医学之父"古希腊医学家希波克拉底(Hippocrates)把病人的"症候"看作符号,[4] 世称"符号学之父"。

公元前384—前322年,古希腊学者亚里士多德提出三段论法的逻辑推理与句法理论,与符号理论的产生有着重要的直接关联。他在《解释篇》中就已经意识到符号、意义、对象这一意指作用的三要素,并提出"词"是灵魂激情的象征说法。他在《范畴篇》研究中对经验世界进行了分层语义切分和归类的系统探讨,有语义学的重要性质。亚里士多德等人对语言符号问题的看法对后来的西方哲学家产生了深远影响。

公元前3世纪,古希腊斯多葛学派[5]和伊壁鸠鲁学派[6]之间集中在符号本身性质上的争论,

---

[1] 吴琼. 基于符号学的产品设计 [J]. 包装工程,2007,9(28):128-130.

[2] 张金忠,郑述谱. 俄罗斯术语研究的符号学视角 [J]. 外语学刊,2009(3):124-126.

[3] 排他的信息只是暗号或密码,不能称其为符号。

[4] 其实症候是信号而非符号,显然,西方最早对符号的认识是错误的。

[5] 斯多葛学派:由塞浦路斯岛人芝诺(公元前336—前264)于公元前300年左右创立。因在雅典集会广场的廊苑(英文 stoic,来自希腊文 stoa,stoa 原指门廊,后专指斯多葛学派)聚众讲学而得名。它是希腊化时代一个有极大影响的思想派别,被认为是自然法理论的真正奠基者。

[6] 伊壁鸠鲁学派:伊壁鸠鲁学派作为最有影响的学派之一延续了4个世纪。伊壁鸠鲁(公元前341—前270)的学说广泛传播于希腊－罗马世界。伊壁鸠鲁派宣扬无神论,认为人死魂灭,这是人类思想史上的一大进步,同时提倡寻求快乐和幸福。

为后世符号学研究产生了承上启下的启蒙作用。在斯多葛学派看来，符号是一个有效的假言大前提中的前件命题，它用来显示其后件。通俗来说就是，如果 X 是符号，并且它指称 Y，那么我们就能运用推理，从 X 推出 Y。❶ 伊壁鸠鲁学派认为，符号是可感知的殊相，是直接观察的对象，而不是表达在一个推理中的命题。❷

公元 129—199 年，古罗马医生、哲学家盖伦以 "Semiotics" 为名写了一本关于症候学的书，即如今人们所说的 "符号学"。❸

在随后的中世纪时期，圣·奥勒留·奥古斯丁（Saint Aurelius Augustine，354—430）发动了一场根本性的变革。他接受了伊壁鸠鲁学派的观点，把符号看作感知到的殊相，意指当下未被感知的事物。但是，他似乎没有意识到，在这些符号的解释和推理的运用中，语言具有中介作用。而斯多葛学派注意到了这一点。符号其实可区分为两大类：自然符号和约定俗成的符号。自然符号是指自然界中的任意符号（其实是信号），约定俗成的符号则是以交际为目的的精心设计的符号。奥古斯丁在伊壁鸠鲁学派的基础上发展的是约定俗成的符号理论，他主张将这些约定俗成的符号作为哲学考察的对象，从而缩小了符号研究重点的范围，这个观点对后世符号学的研究产生了重要的影响。

在接近中世纪末期时，威廉·奥卡姆（William of Ockham，1285—1349）又进一步缩小了符号的界定，他声称赞成古典时期的证据符号，并给出了传统的例子：烟是火的符号，呻吟是疼痛的符号，以及笑声是 "某种内心快乐" 的符号。但是，和奥古斯丁一样，奥卡姆主要关心的是语言表达式，以及语言表达式和它们表达的思想或观念之间的关系。他强调，思想中的事物是唯一真正的现实，而直觉能感觉到的客观事物倒是思想中事物的不完全的反映。他认同奥古斯丁约定俗成的符号理论，接受斯多葛学派有关语言的中介作用，强调语言表达的可推理性——逻辑性。

继奥卡姆的理论后，托马斯·霍布斯（Thomas Hobbes，1588—1679）和约翰·洛克（John Locke，1632—1704）在著作中把 "符号" 一词限制在语言表达式及其心灵相关物时，符号学关注的焦点向语言学的转移就算完成了。❹

尽管这些欧洲哲学界的名人在某种意义上可以成为符号学家的先驱者，但是直到 20 世纪，在两位符号学奠基人的倡导下，人们才逐渐开始全面地认识符号学。

现代符号学有两大源头，一是瑞士语言符号学家费尔迪南·德·索绪尔（Ferdinand de

---

❶斯多葛学派的 "符号" 包含了信号。
❷伊壁鸠鲁学派的 "符号" 排除了信号。
❸盖伦的 "符号学" 是症候学，研究对象仍然是信号，但他命名了西方符号学。
❹霍布斯和洛克把 "符号" 一词限制在语言表达式及其心灵相关物上，直接影响了索绪尔符号学思想的形成。洛克把科学分为三种：物理学、伦理学和符号学。他说 "各种符号因为大部分是文字，所有符号学也叫作逻辑学"。洛克的符号学说是皮尔斯符号学思想的源泉。

Saussure，1857—1913），二是美国逻辑符号学家查尔斯·桑德斯·皮尔斯（Charles Sanders Santiago Peirce，1839—1914）。索绪尔体系建立在四个二元对立上（能指与所指、语言与言语、历时与共时、聚合与组合）；皮尔斯的符号学体系则建立在一连串的三元关系中，以"三生万物"方式指向无限衍义的开放体系。

索绪尔研究的符号学是基于约定俗成的符号之上的，他认为符号是概念和意向的结合，并进而指出语言是符号系统。能指和所指两部分构成了符号，符号的本质属性是任意性。也就是说，能指和所指之间不存在必然的、内在的联系。❶索绪尔的二元符号学原则不仅对语言学的影响甚为深远，而且对后来的符号学和哲学的影响也很大。在索绪尔的理论基础上，又出现了罗兰·巴尔特对文学风格的研究、罗曼·雅各布森对诗歌的语言学研究，以及格雷·马斯对结构语义学和意义的研究等。

皮尔斯把符号学范畴建立在思维和判断的关系逻辑上，任何一个判断都涉及性质、对象、关系这三者之间的结合。"性质"作为第一项，与感知觉相关；"对象"作为第二项，与经验或活动相关；"关系"作为第三项，与思维或符号相关。与这三项范畴相对应，任一符号都由媒介、指涉对象和解释这三种要素构成。❷皮尔斯的三元论体现了符号的逻辑关联，认为符号是媒介、指涉对象和解释共同作用的结果，强调的是符号本身的分类与解释。皮尔斯的符号三元论确实为之后的符号学研究建立了全新的符号学体系。

美国哲学家查尔斯·威廉·莫里斯（Charles William Morris，1901—1979）在皮尔斯的理论基础上进一步提出了行为符号学。莫里斯的行为符号学是对皮尔斯理论的完善和发展，将符号统一为语构、语义和语用的集合。他在《符号理论基础》中把符号学分成三个分支，即语构学、语义学和语用学。其理论成果促进了符号学向独立学科的转变。正如莫里斯在《意谓和意义》一书中所强调的，符号学可以为一切科学提供一种工具，因为每一门学科都要运用符号，并通过符号来表述其研究成果，因此符号学是一种元科学。莫里斯的符号学三分法理论至今仍是人们普遍引用的符号学分类法。

20世纪60年代，符号学作为独立学科兴起于法国、美国、意大利和苏联，并迅速发展为一场跨越国界和政治集团的统一的学术运动。1969年1月，国际符号学学会（IASS）成立，标志着现代符号学学科的建立。

2. 我国的符号学发展

我国对现代符号学的研究起步是相对落后的，但是在各方的共同努力下，现已基本达到国际研究一线水平，并且传统文化著作中还有着大量符号学相关论述，这对国内符

---

❶刘中宁，马玉梅.索绪尔符号理论及现代符号学的应用 [J].产业与科技论坛，2015，14（9）: 46-47.
❷王铭玉.对皮尔斯符号思想的语言学阐释 [J].解放军外语学院学报，1998（11）: 5-11.

号学研究的积淀有着重要意义。国内符号学研究的发展历程，大致可以划分为以下三个阶段。❶

（1）引入介绍阶段（1980—1986年）。20世纪80年代初，我国学者开始参与国际符号学学术交流。引入国外符号学的主要思想、基本理论，尤其是对符号学起源的相关研究。有关索绪尔、皮尔斯等人文章的解析占据了大多数。

（2）平稳发展阶段（1987—1993年）。这一阶段符号学的研究开始深入，根据符号学的特征，结合语言学、传播学进行细化分析和比较研究。此外，对符号学开展本土化的寻根性研究，从诸子百家所在的时代发掘我国古代的符号学萌芽。

（3）全面展开阶段（1994年至今）。在经历了符号学的引入和落地之后，符号学的本土化研究开始迸发。一是在多个领域都出现符号学的应用，尤其是文化、艺术、传播等领域；二是符号学的分支思想得到重视和引进；三是对符号学思想、观点不再是全盘接收，而是辩证看待和加以验证；四是更多本土符号学元素的发掘和运用。

符号学在我国真正的发展应该是随着改革开放一起到来的。在这期间，胡壮麟、岑麒祥、李幼蒸、赵毅衡、张智庭等学者都在努力探索符号学，有的将西方的符号学说翻译并传入国内，吸收为己用；有的则传播符号学思想，为后来符号学的繁荣打下坚固的基础。直至现在，随着经济的发展，文化在人们生活中的占比越来越多，不论是东方还是西方，不论是国内还是国外，符号学正在迅速兴起，有志投身符号学研究的学者逐渐增多。国内正式的符号学研究中心有两个，一是南京师范大学的"国际符号学研究所"，二是四川大学的"符号学－传媒学研究所"。

二、符号学的定义

符号学是研究符号在人类认知、思维和传递中的作用的科学。符号学是研究人类一切文化现象中系统化符号的理论，其研究核心是一个由符号实现意指（传达）作用的系统。符号学是一门关于符号分析和符号系统功能研究的学科。符号学研究事物符号的本质、符号的发展变化规律、符号的各种意义以及符号与人类多种活动之间的关系。❷

符号使人与环境形成了一种中介化的关系，将人从活动有限的、被动的有机体提升为具有智慧和创造的行为主体。符号学属于具有系统性地被人们使用、进行传达或相近地传递意指功能的符号，探究人类所有文化现象方面的符号理论。人们通过处理符号交流信息、执行活动，探究此类符号的项目统称为符号学。符号学属于交流类形式的理论方法，其主要目标

❶ 王铭玉. 中外符号学的发展历程 [J]. 天津外国语大学学报，2018（11）：1-16.
❷ 张铭倩. 设计符号学图像性符号在产品造型设计中的应用 [J]. 科技创业月刊，2009（11）：56-57.

是构建广泛能够应用的交流规则。❶

三、符号学的研究内容

符号学理论主要包括研究符号的内涵、历史变化、形成发展、意义，以及符号与人类行为之间的关系，所涉及的层面很广，内容繁多。人类对于与符号相关的问题颇有兴趣，最终得出这样的结论，即符号学理论是研究符号在人类自然与社会活动中所扮演的角色及其角色功能的理论。❷

符号学的范畴包括符号的各种含义、符号的变化规律和发展、不同符号之间的关系以及符号与人类行为之间的关系。符号学主要包括语用学、句法学（语构学）❸、语义学和信息符号学。符号学理论研究人类所有文化现象中的系统化符号，研究的核心是一个符号实现意指（传达）功能的系统。在符号学领域，人们通过处理符号来传递信息和采取行动。人类意识工程是一个符号化的过程。符号作为表达思想感情的物质手段，也是人们理解事物的媒介。❹符号学的主要内容是通过特定方式准确地传送符号所代表的信息，准确地传达所要传达的信息，并采取一定的措施有效地影响符号信息的接收者。

符号学是一门新兴的学科，在我国的发展不过 20 年左右，但它对语言学、哲学、文学、文化、艺术、传播学、民俗学等各个领域却有着十分重要的指导意义。符号学研究旨在探寻符号在当今社会各行各业中应用的本质、发展以及演变的一般规律，并将当今社会中各行各业对符号学应用得更为专业化、系统化。符号学理论经过多学科的研究合作，出现了设计符号学、社会符号学、文化符号学等众多新的符号研究领域。同时，伴随计算机、互联网和人工智能技术对人类生产生活的影响，符号学由二维、三维向四维快速发展。四川大学"符号学－传媒学研究所"赵毅衡教授提出的叙述学，以及其学生东南大学艺术学院龙迪勇教授提出的叙事学，都昭示了符号学研究在我国与时俱进的长足进步。

四、符号学的基本原理

人类通过对符号进行赋义、赋值，达到意指的目的。符号的编码过程实际上是将抽象的信息根据符号规则转换为可以感受到的信文，再将可感的信文传达给收信人。在收信人那里则要经过一个解码的过程，收信人根据相同的符号规则将可感的信文重新转化为抽象的信

---

❶黄帅，孟利清.浅谈设计符号学在旅游文创产品设计中的应用 [J].工业设计，2018（12）：52-53.

❷李思佳，陈霞飞.符号学视域下中国茶文化在包装设计中的应用 [J].绿色包装，2020（11）：61-64.

❸句法学即语构学。信息符号学提法显然受以苏联符号学家洛曼特、伊凡诺夫等为首的塔尔图－莫斯科学派影响（借鉴信息论与控制论研究社会和文化）。

❹刘瑞颖.浅论设计符号学 [J].文艺生活，2012（5）：77.

息。纵观符号学自身的发展、符号学跨学科的理论与运用研究，可以看到，所有符号学流派及其在其他学科的运用研究，都是在索绪尔语言学模式的结构主义符号学、皮尔斯的逻辑 - 修辞符号学模式（及在其基础上发展的后结构主义符号学）基础上的发展。❶ 莫里斯在皮尔斯逻辑 - 修辞符号学模式的基础上，按照人类符号活动的类型，将符号学三分为语构学、语义学和语用学，形成其行为符号学理论，更加促进了符号学在其他学科领域的实际应用。

1. 符号学相关理论

（1）索绪尔符号学理论——结构主义符号学。索绪尔延续了对约定俗成的符号理论化的传统，他关注的领域是语言符号。而与研究特定语言发展变化的历史语言学，即历时语言学不同，索绪尔致力于研究共时语言学，他分析了语言普遍存在的状况，即对语言存在条件的理解。❷ 他在《普通语言学教程》中指出，语言的问题主要是符号的问题，要发现语言的真正本质，首先必须知道它与其他同类符号系统有什么共同点。索绪尔对语言符号理解的核心是能指与所指之间的任意性关系，"能指"指语言的声音形象，"所指"指语言所反映的事物的概念。但是，能指可以指称所指的唯一解释是约定俗成的关系在起作用，而约定俗成的来源则是人。索绪尔的符号二元论认为，符号学所指的符号必须是由能指（符号形式）与所指（符号内容）构成的双面体（图 1-10）；必须是人类的创造物；必须是构成独立于客观世界的系统。人类通过符号过程对符号进行赋义、赋值，达到意指目的（图 1-11）。

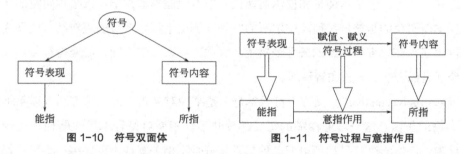

图 1-10　符号双面体　　　　　　图 1-11　符号过程与意指作用

索绪尔的结构主义符号学将语言符号分为能指和所指，前者为表达层面，后者为内涵层面。能指代表符号形式，所指代表符号内容。索绪尔指出，语言的组织具有线性特征，即词语前后相继的联结，他将这种关系称为句段关系，而将语言的理解在人们头脑中形成的另一种词语间的比较关系称为联想关系。❸ 句段关系则是能指（符号形式）的构成关系，具有纵聚合与横组合的联结方式，纵聚合代表相同词性的相互替代，横组合代表不同词性之间的线性关系；联想关系则是所指（符号内容），表示符号隐含的功能内容、价值观念、文化内涵等具

❶ 张剑. 产品设计符号学系统化构建中的思考（1）——两种符号学模式的选择 [J]. 美术大观，2021（12）：115-121.

❷ 保罗·科布利，莉莎·詹次. 视读符号学 [M]. 许磊，田德蓓，译. 合肥：安徽文艺出版社，2009：13.

❸ 徐恒醇. 历史主义风格的由来及其符号学分析 [J]. 装饰，2008（12）：12-16.

有深刻意义的联想信息。

索绪尔语言符号学在 20 世纪初逐步成熟。20 世纪 60 年代，索绪尔语言符号学为结构主义的兴起提供了一个清晰而坚实的理论框架。以索绪尔语言符号学为基础发展的结构主义，以系统结构的方式构建了符号文本意义传递的有效性基础。所有符号感知的有效传递必须依赖索绪尔结构主义符号学理论与方法进行讨论。所以，索绪尔奠定了符号学的基本理论与方法。

索绪尔结构主义符号学理论明显受到康德先验主义哲学的影响。其特征表现在：人本主义倾向，探讨能指与所指间的意义，并非对客观世界真相的揭示，而是以人本主义为基础的感知解释；❶ 先验主义规则，将符号结构二分为"能指"与"所指"，暂时搁置符号所讨论的对象（一方面，以传递意义为基础，传递双方对对象的共识；另一方面，强调在已确立的社会规约的基础上，探讨符号结构的构成关系与结构规则），其符号学活动的"主体性"是符号意义的传递；社会群体心理交流和结构系统观念，要求符号文本的发送者与接收者同时被约束在共同的符号意义交流的环境中，将一个符号的多种人群的不同解释、不同时间的不同解释暂时搁置，转而去讨论结构内的组成以及组成之间的关系与规则问题。❷

（2）皮尔斯符号学理论——后结构主义符号学。前文说过，皮尔斯的符号学与索绪尔的略有不同。如果说索绪尔对符号问题的研究基本上局限于语言符号的话，那么皮尔斯则把符号问题的探讨推广到各种符号现象，从而建立了全面意义上的符号学体系。在有关符号本质问题的许多看法上，索绪尔理论和皮尔斯理论的根本性差异就在于：索绪尔研究的是符号本身，而皮尔斯研究的是符号过程。皮尔斯的符号学侧重于符号自身的逻辑结构的研究，他把符号学范畴建立在思维和判断的关系逻辑上。因此，与索绪尔不同，他坚持符号由三重关系构成，分别是代表项、对象和解释项。

代表项（representative），又称为符号本身，是某种对某人来说在某方面或以某种能力代表某一事物的东西。这个看似模糊的定义却反映了皮尔斯对符号本质问题独到且精确的理解。他认为，任何一个符号都不可能单独与其他符号不相关联地出现，每一个符号都是符号贮备系统中的一员，或以它所从属的其他符号的几个集合为前提。每一个符号若要被解释，那它至少需要另一个符号来说明，也就是说对一个符号的解释本身就已经是另一个符号了。

对象（object），是符号或者代表项所表示的客体。在这里，对象有两种：一种是直接对象，即符号所代表的对象；另一种是动态对象，是独立于符号之外，由符号发生作用而被表征出来的对象。对直接对象和动态对象的区分，其困难比人们最初设想的要大，但相对于皮尔斯的符号学而言，更具有迷惑性的是解释项。

---

❶ 张贤根 . 反形而上学：德里达与海德格尔——兼论形而上学的终结问题 [J]. 湛江师范学院学报，2010（1）：56.
❷ 张剑 . 产品设计符号学系统化构建中的思考（1）——两种符号学模式的选择 [J]. 美术大观，2021（12）：115-121.

解释项（interpretant），是相应的指称效应，它指符号使用者面对某一符号时，在头脑中出现的符号，可以理解为符号产生的结果。但是，解释项不单单是符号所产生的合适的结果，其实它更是一个合适的起点。就像客体一样，解释项也不止一种。皮尔斯区分出三种意义的解释，分别是直接解释项、动态解释项和最终解释项。直接解释项是正确理解符号，例如，我手指向天空的那颗星星，而你看到了那颗星星。动态解释项是符号的直接结果，例如，我手指向那颗星星，而你仰头看到的是整个天空。最终解释项是符号较少产生的结果，是符号在使用时完全发挥了它的功能，例如，我明确地指向某一颗星星，而你意识到那颗星星是按照距离太阳远近来看排名为第二的金星。

在解释项发挥完它解释的作用之后，其职责并未完毕，它还能承担另一个符号或称为代表项的职能，与另外一个对象产生关系，依次产生新的解释项，然后又转化为新的符号，又和新的对象产生关系，从而产生另外一个解释项，如此这般，循环不息（图1-12）。这就像前面所说到的"不单单是结果，而是一个合理的开始"。皮尔斯认为，意指的过程存在固有的动态性，因此人类的生活其实是在不停地产生符号。

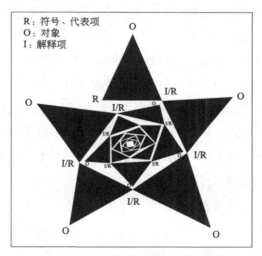

图 1-12　皮尔斯符号学循环系统示意图

作为实用主义的创始人，与索绪尔同时代的皮尔斯对符号学提出的全新理解，逐渐受到学界推崇。20世纪70年代，后继学者们将符号学继续推进到后结构主义阶段。[1] 皮尔斯后结构主义符号学理论是对索绪尔结构主义符号学理论的批判、修正和完善。皮尔斯从逻辑学角度，指出符号是由媒介物（代表项）、指涉对象和解释项组成。从符号与指涉对象的关系中可以划分出图像符号（icon）、标识符号（index）和象征符号（symbol）三种符号类别。[2] 图

---

❶赵毅衡. 符号学的一个世纪：四种模式与三个阶段 [J]. 江海学刊，2011（5）：198-199.
❷徐恒醇. 历史主义风格的由来及其符号学分析 [J]. 装饰，2008（12）：12-16.

像符号只是一种记号，只表示符号形式与符号表面内容，所见即所指，不具有功能内涵和联想特征。标识符号（也称指示符号）是功能性符号，强调符号的功能特征，运用形态、色彩、材料等物理特性或约定俗成的图文标识显示符号指向的功能内容。皮尔斯认为象征符号是较高层次的符号，象征符号具有特殊性、宗教性、哲学性等意义深远的特征属性，例如宗教寺庙、神话传说、祭祀器具等。这些建筑、产品、符号的背后都隐含着造物者企图传播的思想内容和价值意义，表现出人在追求精神世界和心理需求的过程中，通过对符号赋义的方式得到满足。皮尔斯的符号三元论，为世人摆脱了索绪尔机械的狭隘的结构主义符号学，为后续符号学的广泛应用扫清了障碍。

皮尔斯逻辑 - 修辞符号学的理论基础是实证主义哲学、生物行为主义理论和逻辑学，[1] 其主要特征如下。一是规范性而非描述性的符号学，思想与经验的表达以及检验它们准确性标准的实践活动都必须借助符号的意义来表达（承认结构主义的规则）。二是有意义交流与传播的特质，皮尔斯将符号结构三分为"代表项""对象""解释项"之后，一个符号必须要通过另一个符号加以解释，符号与符号之间始终处于互动之中，符号的意义解释跳出结构之外，[2] 符号学活动的"主体性"是解读者对文本的解读。三是无限衍义形成文化间的关联，符号的解释者作为核心，强调信息的交流传播（符号三分之后的"意义无限衍义"蔓延，将所有领域文化符号的意义解释产生关联，编织成网状的人类感知的符号意义世界）。四是有广泛的原动力特征，科学性、动态特征以及意义解释的互动性成为语言学之外的实用符号学的科学原动力，具有科学的倾向，适用于包括心理学在内的自然科学和社会科学，具有广泛运用范围。[3]

（3）莫里斯符号学理论——行为符号学。查尔斯·莫里斯（Charles William Morris，1901—1979）是美国哲学家，现代"符号学"创始人之一。在皮尔斯符号学以及杜威实用主义哲学理论的基础上，莫里斯进一步提出了行为符号学，他从三种功能意义上对符号行为作了规定，即标识、评价和指令作用。[4] 莫里斯对符号作了广泛的理解，把"符号"说成是一切"有所指"的东西，它不仅包括语言中的符号，而且包括非语言的符号。他认为，符号是一种关于符号及其运用的一般理论，以符号过程作为自己的研究对象。

在他的第一部符号学著作《符号理论的基础》中，他除了从功能意义上对符号行为进行划分外，还将符号学划分为三个分支，或者称为三个区域。

第一区域是语构学（syntactics），研究符号与符号之间的关系。[5] 通俗来说就是抛开社会

---

❶郭鸿.对符号学的回顾和展望：论符号学的性质、范围和研究方法 [J].外语与外语教学，2003（5）：4.

❷翟丽霞.当代符号学理论溯源 [J].济南大学学报（社会科学版），2002（4）：51.

❸王铭玉.中外符号学的发展历程 [J].天津外国语大学学报，2018（6）：65.

❹马克斯·本泽，伊丽莎白·瓦尔特.广义符号学及其在设计中的应用 [M].徐恒醇，译.北京：中国社会科学出版社，1992：8.

❺此处符号特指产品符号系统的子系统，是产品符号系统语义解构之后的基本单元。

因素，抛开符号与所指事物之间的关系，主要考察符号与符号之间理想化的结构关系，寻求科学理性的逻辑关系，以指导指涉对象语义的形成——指令作用。

第二区域是语义学（semantics），研究符号与其指涉对象之间的关系。[1]对象是符号所表示的客体，所以语义学也就是研究符号在一切指表模式中所表示的意义。指涉对象语义是在语构学研究基础上，寻求符号与符号之间合理的组合方式，以形成新的符号（客体）——标识作用。

第三区域是语用学（pragmatics），研究符号与其使用者之间的关系。[2]这种关系不仅包含了符号对人的功能，也包含了人对符号的创造与运用。引入系统论和控制论的反馈机制，对符号使用的实际效用进行分析——评价作用。

这三个区域的顺序是从"语构学"到"语义学"再到"语用学"，这诠释了从符号自身到符号的表达，再从符号的表达涉及人的动态过程。在使用符号学三分法研究框架的相关学科中，我们可以看到它们所遵循的都是"语构学"到"语义学"再到"语用学"的学科发展路线。这是因为，按照莫里斯和卡尔纳普关于符号学三分法以及语构学、语义学和语用学的定义，这是一个内容逐步充实、范围不断扩展的研究系列。[3]

索绪尔的结构主义语言学与皮尔斯的逻辑语言学虽然名称有区别，但是所展示的符号意义与主要观点是一致的。能指表示物的属性与逻辑，即符号的客观形式和特征，所指表示符号隐含的精神内容与价值观念，它们之间具有约定俗成的关系。法国符号学家罗兰·巴尔特认为符号学永远不会设想出最后所指的所在，因为任何文化的复合，都使我们面临着无限的隐喻之链，在那里能指往往在原型消失之后而延续或自身演变成所指。[4]莫里斯行为符号学从语构、语义和语用三种功能意义上对符号行为作了规定：语构学遵循索绪尔结构主义符号学理论，以系统结构的方式构建了符号文本意义，确保符号传递意义的有效性；语义学遵循皮尔斯后结构主义符号学理论，关注解读者对文本的解读，发挥符号无限衍义的动态特征，促进符号语义的创新；语用学遵循系统论与控制论方法，对符号使用的实际效用进行评价，修正语义创新带来的认知错误。莫里斯的行为符号学理论与其他学科不断融合，已形成（或正在形成）解决不同领域问题的有效方法论。

2. 符号传达的基本模式

（1）5W 模式。20 世纪 50 年代，不同领域的理论家开始考察信息或信号传输中的相关构成。1948 年，美国政治学家哈罗德·拉斯维尔（Harold Lasswell，1902—1977）提出的符号传

---

[1] 此处符号特指产品符号系统。

[2] 此处符号特指产品符号系统。

[3] 蔡曙山. 论符号学三分法对语言哲学和语言逻辑的影响 [J]. 北京大学学报，2006，43（3）：56.

[4] 徐恒醇. 历史主义风格的由来及其符号学分析 [J]. 装饰，2008（12）：12-16.

播模型成为至今被引用最多的模型之一。这种浅显易懂的程式叫作"5W模式"，❶它将传播分为五大研究领域：传者、受者、信息、媒介和效果。这是第一次为传播学搭建了一个比较完整且全面的理论构架。但是这种模式也有两点不足：一是直线性，传播被表述为一种直线型、单向型的过程；二是孤立性，丝毫不涉及传播过程和社会过程的关系（图1-13）。

图1-13　5W模式示意图

（2）香农-韦弗模式。在1949年，克劳德·香农（Claude Shannon，1916—2001）和沃伦·韦弗（Warren Weaver，1894—1978）发表了同样著名的模型（图1-14）。在这一模型中，信息被编码在信号中，由接收者解码。该模式中，信息源从许多可能的信息中确定要传播的信息，传输者将信息转换成适合于通道使用的信号形式。通道就是将信号从传输者传递到接收者的媒体。接收者的任务是将信号转换为信息，并发送到目的地。目的地就是信息所要到达的人或事。

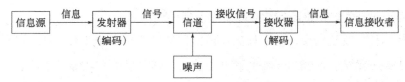

图1-14　香农-韦弗模式示意图

香农-韦弗模式的好处是，它在信息过程中加入了一定程度的复杂性，编码和解码不是从信息源到接收者直接纯粹的信息流动，而是强调在传播过程中的主体因素。噪声中固有的歪曲功能就表明了这一点，而噪声概念的引入也正是这一模式的一大优点。

噪声不是信息源有意传送而附加在信号上面的任何东西，它指的是一切传送者意图以外的对正常信息的干扰。构成噪声的原因既可能是机器本身的故障，也可能是来自外界的干扰。整个传播过程中存在于通道中的噪声干扰可能会导致发出的信号与接收的信号之间产生差别，从而使得由信息源发出的信息与由接收者还原并到达目的地的信息的含义可能不一样。

面对噪声的存在，香农和韦弗指出，传达研究中共有三层问题：第一层为技术问题，需要考虑传达的符号如何准确地转达出去；第二层为语义问题，需要考虑传达的符号如何正确地传达所想的信息；第三层为效率问题，如何有效地影响接收者，将其引导到正确的目标上。

（3）现行符号传达的模式。在"5W模式"和"香农-韦弗模式"的基础上，形成了现行

❶5W模式：哈罗德·拉斯维尔提出的传播过程模型，其过程为：谁（who）、说了什么（says what）、以什么渠道（in which channel）、对谁说（to whom）、产生什么效果（with what effect）。这是一个线性的单向过程。

符号传达的模式。一个完整的符号传达系统必须具备六个重要的构成要素，即发信人、收信人、语境符号编码规则、信文和信道。信文是以各种单元符号为素材，编码而成的信息的可感化、物理化的表现体，是完整的构成体。信道是信文传递的通道与信文复制的场所（图 1-15）。

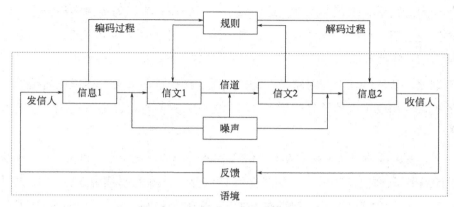

图 1-15　现行符号传达模式示意图

第三节　产品符号学

一、产品符号学的由来

1. 西方

工业革命促进了西方的现代化，伴随着现代化，各种思潮不断涌现。索绪尔、皮尔斯等大师们围绕符号学的研究促进了西方现代人文学科的发展，同样也推进了设计学等交叉学科的发展。

1937 年，莫里斯在芝加哥大学学习心理学，计划从事精神病学工作，了解人类的行为原因和方式。一天晚上，当他坐在车里等待他的好朋友、芝加哥新包豪斯学校的艺术家拉斯佐·莫霍利·纳吉[1] 时，他突然意识到，没有符号过程和评估，人类的行动是不可想象的。[2] 由此，莫里斯开始符号学研究，并最终成为现代符号学的泰斗。1937—1941 年，纳吉聘请莫里斯作为芝加哥新包豪斯学校的兼职讲师，讲授与符号学相关的知识。[3] 可以说，

---

[1]拉斯佐·莫霍利·纳吉：曾是德国包豪斯设计学院的教员、现代设计教育先驱之一，他是 20 世纪最著名的前卫艺术家之一，奠定了设计学三大构成基础教学。

[2]Margolin V. The Struggle for Utopia：Rodchenko，Lissitzky，Moholy-Nagy，1917—1946[M].University of Chicago Press，1997：1.

[3]Galison P. Aufbau/Bauhaus: Logical Positivism and Architectural Modernism[J]. Critical Inquiry，1990，16（4）：709-752.

纳吉与莫里斯的友好交往，促成了现代符号学伴随现代设计学的成长。

1950 年，德国乌尔姆造型学院开始产品设计符号的相关研究——"符号运动研究"，标志产品符号学理论研究的开端。

1971 年，马克斯·本泽在《符号学美学》一书中指出，产品设计根据三个方面的理论来进行：其一为结构学和工艺学原理，这从属于技术领域；其二为传播学和符号学理论，它与产品的流通使用、维护和操作相关联；其三涉及语用学或目的论原理。产品在符号学上具有三种维度，即技术的物质性（或称质料性）维度、产品形态的语义学维度和技术功能性的语构学维度。从符号媒介与对象指涉的关联上，图像性与适应、标识性与接近、象征性与选择的关系，构成了人的符号化的基本行为方式，产品也可以通过适应、接近和选择来表征。❶

1981 年，德国学者茵格·克略科尔在《产品设计》书中从语构学、语义学和语用学三方面对产品设计提出了一套系统的规范。虽然没有涉及产品的具体符号建构方法，但是却从符号学的视角对产品设计的质量要求作出了外在的规定，这对设计符号学的推进具有重要意义。

1983 年，美国的克劳斯·克里彭多夫（Klaus Krippendorff）和德国的布特（R. Butter）教授明确提出了产品语义学概念，并于 1984 年在美国工业设计师学会（IDSA）举办的"产品语义学研讨会"中予以定义：产品语义学乃是研究人造物的形态在使用环境中的象征特性，以及如何应用在工业设计上的学问。它突破了传统设计理论将人的因素都归入人机工程学的简单做法，扩宽了人机工程学的范畴；突破了传统人机工程学仅对人、物体及生理机能的考虑，将设计因素深入人的心理、精神。克里彭多夫认为，产品语义学体现以人为本的设计思想，从人对产品的理解过程和实践操作行为特性来确定人机界面，以用户模型和人机界面设计指导产品功能设计。❷

1989 年，芬兰工业艺术大学在赫尔辛基组织了国际产品语义学讲习班，围绕语义学在过去十年中为设计理论和实践方面带来的成果和存在的问题展开讨论。会议指出，产品语义学扭转了过去从产品本身功能出发决定人机界面的思路，强调产品对人的适应性。

2. 我国

我国的产品符号学是在符号学发展全面展开的基础上产生的，在近三十年的发展中出现了一批影响较大的学术成果。

徐恒醇教授是我国改革开放之后较早去德国访学，并较早翻译马克斯·本泽等设计符

---

❶马克斯·本泽，伊丽莎白·瓦尔特.广义符号学及其在设计中的应用 [M].徐恒醇，译.北京：中国社会科学出版社，1992：134.

❷克劳斯·克里彭多夫.设计：语意学转向 [M].胡飞，高飞，黄小南，译.北京：中国建筑工业出版社，2017：2.

号学专家著作的学者。他的研究立足于对符号学起源和发展的梳理，从语言符号学到广义符号学再到艺术符号论，详细梳理了符号的发展过程。在符号学三分法下，从语构、语义和语用三个不同角度阐释设计中造型语言的构成和符号信息的传达，并结合产品设计、环境设计和视觉传达设计探讨符号学在设计中的应用方法和表现，证明了符号学在设计中的广泛适用性。

张宪荣教授是我国改革开放之后较早去日本访学的无线电信号研究专家，回国后一直专注设计学理论研究。他从符号学的基础理论和符号学的设计应用两个方面，详尽阐述了符号本身与符号系统的特性和构成，以及符号学在设计中的具体作用机制，并利用符号学的观点和方法来解决设计学科的认识论和方法论等问题。

李乐山教授也是我国改革开放之后较早去德国访学的工业设计研究专家。他提出了与前面符号学在产品设计中的应用都不同的观点，其主张将符号学与界面设计相结合，提出了用符号学方法对图文设计中形式主义的纠正和补充。

张凌浩教授对符号学的研究是连贯且深入的，取得了一定的建树并获得广泛认可。其第一本专著的主要着力点是对产品语意（义）的认识和建构，围绕产品语意的种类、产品语意与价值功能之间的对应关系，以及语意的可视化表现等展开，将相关理论糅合到课堂教学和产品的开发实践中，有大量的案例支持和验证。这是在其他学者研究中少见的。其第二本专著的立意相对更高，研究更加深入。在宽泛的符号学视野下，较为全面地梳理了符号与产品设计的对应关系。特别是"人—物—环境—社会—文化"关系框架的提出，构建了产品语意的层次、构成以及传达的多重关系。

二、产品符号学的定义

工业设计是工业革命以来社会分工的产物，是科研技术、文化艺术与市场经济交叉的新兴学科。1919 年，工业设计在德国包豪斯设计学院作为独立的学科专业，在西方至今仍是所有现代设计的代名词。改革开放后，工业设计概念从日本完整地传入我国，包含产品设计、环境设计和视觉传达设计三个专业。2013 年，教育部把工业设计和产品设计进一步拆分。工业设计专业，理科招生，纳入工学门类机械工程学科；产品设计专业，艺术类招生，纳入艺术门类设计学学科。纵观人类历史，产品设计是人类为了提高自身生存能力与生产能力，而对工具与用具的现实需求作出的响应。现代设计的学科专业不管怎么分支，有关的设计理论研究仍是围绕现代制造业产品设计展开的。

国内外虽然存在设计符号学和产品（设计）符号学概念之分，但其面对的主要是制造业，核心内容还是与产品相关的所有设计。符号学理论的引入，赋予产品设计更深层次的思考。

产品不再只是某种功能实现的手段，同时也是高度象征性的生活或文化用品。符号学是研究意义产生、传达和释义过程的学科，作为一切文化现象的逻辑学，它能使产品设计活动科学化。综上所述，产品符号学是研究如何应用符号学理论方法指导产品设计的学问。

三、产品符号学的研究思路与内容

1. 产品符号学的研究思路

基于产品系统设计理论，运用索绪尔结构主义符号学理论，构建产品符号系统，明确产品符号设计的核心工作和基本流程；运用皮尔斯后结构主义符号学理论，按图像、指示和象征符号分类，指导产品符号系统的语义解构与重组（或重构）；运用莫里斯行为符号学理论，按产品符号剖析、再生及传播效能评估程序，探索产品符号设计的具体程序与方法。

2. 产品符号学的研究内容

结合莫里斯符号学三分法的思想，产品符号学可分为三个部分：产品语构学、产品语义学、产品语用学。以系统论指导产品符号学研究，将符号学原理与产品系统设计理论融合，诠释符号传达规范对产品系统设计过程的指导作用（图1-16❶）。

图1-16 产品符号学与产品系统设计关系图

（1）产品语构学。语构学是研究符号单元构成规范的学问，探讨符号之间的结构关系。这个看似抽象的定义其实可以很清晰。语构学目的是对符号系统的语义解构，那么相应的，我们对产品这个符号也进行解构。根据皮尔斯的符号三分法思想，符号由代表项（媒

---

❶此图系在宏观上把握产品符号学在产品系统设计过程的作用机制。在具体设计过程中（微观），产品符号系统的解构和重构都离不开语构学、语义学和语用学的理论与方法的协同作用。

介物）、指涉对象和解释项构成，这构成了产品符号系统的整体性。产品的代表项就是产品自身呈现的物质形态（形式）；而指涉对象则是设计师为代表的生产方通过创新设计所要表达的产品语义；解释项就是用户为代表的消费者在使用产品过程中面对产品所能联想到的产品语义。消费者使用产品的过程即人机环境的互动过程，也是产品符号认知的语境。这里的环境是广义的环境，主要是产品在被使用时可能涉及的所有不同环境和状况的总和。因此，产品语构学就是对现有产品的语义进行解构，明确产品符号系统的子系统构成的逻辑关系（系统有序性），为后续创新产品的语义、形式和环境作一个系统的规划和整合，实现产品内系统的和谐（系统整体性和稳定性），从而使产品有正确的概念定位，确保后续符号系统重构的目的性。

（2）产品语义学。语义学是研究系统中符号单元能指和所指的特性及其结合关系的学问。产品语义学则是研究产品能指与所指之间的关系，通俗来说就是研究产品如何正确表达其自身含义的问题，解决产品子系统各自演变及相互融合的逻辑关系。产品语义学指导的工作是产品符号系统的语义重构（重组）过程，即完成产品符号系统的正确赋义、实现符号意义的有效传播。

近年来，产品语义学一直是产品设计的研究热点，其研究的重点是产品形态与产品语义之间的关系，即产品如何正确传达自身意义。产品语义学更注重产品形态符号所共有的相同模式——约定俗成的形式。❶通过分析这些模式，归纳形态变化的规律和方向。但有时过分地强调产品形式，往往会让设计师的思维仅限于表面，误认为产品语义学仅是研究产品形态象征语义的学问。产品语义学是建立在使用者对符号主观认识的心理基础之上，并非只是视觉的认知，更主要的是使用者对产品的综合感觉的认知。产品语义学的核心工作其实是把产品语构学范畴中产品内系统的规划和整合策略，以合理的路径和方法，通过创新设计，可视化地表述出来。产品语构学工作、产品概念设计是产品语义学工作、产品造型设计的基础。一个产品没有良好的工业设计要素配置基础，即使是再费心的表达也很难实现产品的制造可行性和市场可行性，最终无法满足消费者内心的真实需求。这是产品符号系统设计的有序性决定的。

（3）产品语用学。语用学是研究符号与其使用者之间的关系，即研究符号来源、用途及使用效应的学问。语用学目的是对符号系统语义传达效能的分析。相对应的产品语用学就是研究产品与使用者的关系，主要包括产品造型的可行性、使用者对产品更深层次的需求以及环境效应与使用者的关系。产品语用学指导的工作是对产品符号系统语义传达（解释项）效

---

❶这是符号的普遍性、稳定性和继承性决定的。比如，苹果手机代表手机的流行时尚，苹果手机就是大家对手机符号约定俗成的认识；苹果手机怎样，其他手机就必须与它差不多。

能的分析，解决产品内系统与外系统之间的逻辑关系（实现产品符号系统的目的性）。按照皮尔斯符号学理论，在解释项发挥完解释的作用之后，其职责并未完毕，它还能承担另一个符号或称为代表项的职能，与另外一个对象产生关系，依次产生新的解释项。因此，相对应的产品语用学也就延续了这个职能，对设计出的产品进行评价，完成产品符号系统的反馈性，修正和完善产品符号系统，并为以后的产品再设计提供新的参考，实现产品符号的可创造性。

Product Symbol Design

第二章

产品符号设计原理

第一节 产品符号的多感官认知

产品符号刺激人的不同器官会产生不同的感受。通过视觉、听觉、触觉的物理刺激，以及嗅觉、味觉的化学刺激，会产生心理感知；通过脏器平衡感觉、本体交感神经感觉，会产生生理感知，如表2-1所示。

表 2-1　多维感知分类

视觉	信息的主要感知通道，具有直观性	物理刺激	心理感知
听觉	感知声音的三要素和声音的含义，辨别方位		
触觉	感知质地、纹理以及生理层面的刺激		
嗅觉	感知气味，通过与情景建立联系从而加深记忆	化学刺激	
味觉	与嗅觉联系紧密，感知味道，记忆深刻		
平衡感觉	人体内部感知，帮助确立运动状态	物理刺激	生理感知
本体感觉	与位置直觉相关，多存在于无意识行为中	潜意识	

一、常规感知

人体感知的通道一般分为五种，分别是视觉、听觉、触觉、嗅觉和味觉。根据感知的距离可以进一步分为近感和远感，根据感知的刺激形式则可以分为物理感知和化学感知。五种感知根据感知强度和信息接收能力可以排列为：视觉＞听觉＞触觉＞嗅觉＞味觉。

1. 视觉

视觉是人体感知外界信息的主通道，可以感知形状、色彩、明暗和动静。可视的基础是要有光，因此从本质上来说，视觉是对光线及其变化的感知。

色彩是视觉感知的基本要素，也是产品识别的基本特征之一。为了进一步加深对产品的印象，在产品符号的构建中色彩往往会与具象的事物或者抽象的概念形成对应，如图2-1所示。

图 2-1　产品包装中的视觉符号

2. 听觉

听觉是对声音的感知，响度、音调和音色使声音的变化具有多样性和复杂性，从而使其具备了承载信息的功能，如图 2-2 所示。此外，根据声音的反射特性和衰减规律，声音还可以承载方向和距离等信息。

图 2-2 声波与信息

3. 触觉

触觉指的是人体部位与物体之间因挤压、拉伸、摩擦、旋转等产生的感觉，强度的大小会对触觉神经带来不同程度的压迫和拉伸，在一定范围内对应着舒适感和不适感。

4. 嗅觉

嗅觉是一种近距离的感知，其原理是气体分子与嗅觉神经相作用，能够在较长距离下感受化学刺激。这种刺激是短暂的，但是会与相关情景结合留存在记忆中，在下一次的感知中回忆和再现。

5. 味觉

味觉是人体由对外可感到、对内不可感的最后一道关卡，在所有感知中最为深刻和私密。能够被味觉感知的一般为可食的无毒物，其感知器官为舌头，对应着酸、甜、苦、辣、咸、麻等。同嗅觉一样，味觉属于一种短暂的化学刺激，需要结合相关情景辅助记忆。

二、平衡感觉与本体感觉

平衡感觉与本体感觉是体验的一部分，但通常为很多产品设计师所忽略。

平衡感觉是一种由人体器官内生的感知。在平衡感觉的作用下，人们可以分辨自身所处的运动状态。不同个体的平衡感觉是存在差异的，但可以通过训练得到改善和加强。如部分人群存在晕船、晕车等生理反应，而杂技演员经过一次次的训练后可以轻松走钢丝。在交通工具的设计过程中，加强对乘客的平衡感觉机理研究，会大大提高驾乘人员的舒适性感受。

本体感觉是一种与位置相关的直觉感知。在本体感觉的作用下，可以下意识地完成一些行为动作。比如，不需要特意去衡量与沙发的距离以及下蹲的高度，就能顺势坐在家里的沙发上。在同一行为的多次重复中，本体感觉会不断累积和加强。在产品设计过程中，加强对不同人群的本体感觉阈值研究，会显著提高产品使用的安全性。

三、通觉

在上述列举的七个感知之外，还有一种被人们特指的"感觉"。事实上这并不是一种单一的感知，而是在记忆、想象或联想作用下的一种"通感"或"通觉""联觉"。这是在不同感觉之间产生沟通、交错和替代的现象。[1] 不同感官之间的界限不是非常明确和非此即彼的，在一定条件下是可以打通的。并且由于空间阻隔的原因和保持距离的需要，通感一般会表现为用远感来代替近感，从远感中获取近感的信息。

1. 通觉之视觉

视觉是人体最为熟悉也是最为重要的感知通道，在经年累月的积淀中，视觉也成为承载通觉最主要的载体。其感知的信息超越了本体感官信息，在通觉的作用下，能够感知所有其他感官通道的信息。

想象这样一个场景：电视屏幕中正在播放一场演唱会，没有声音，但是屏幕下方的字幕在随着节奏变动。通过屏幕中的画面和字幕，我们仍然可以获知歌手演唱的内容，这是视觉对听觉信息的获取。当然，这样的通觉并不能完整、准确地获得听觉的全部信息，如具体的响度、音调和音色。视觉也可以获取触觉的信息，对于一个生活经验丰富的人来说，看到棉花时，不用触摸就能获知"柔软""轻盈"等与棉花相关的触觉体验；视觉可以获取嗅觉的部分信息，观赏一幅栩栩如生的芳草图，似乎能够"闻到"画上花草的淡淡清香；视觉可以获取味觉信息，如"望梅止渴"，看到酸甜的梅子就口中生津，获得解渴的味觉感受。现在绝大多数产品设计都是基于视觉的设计。

2. 通觉之听觉

听觉与声音相对应，声音的响度、音调和音色三要素决定了其复杂多变和可以承载信息的特性。与听觉联系最为紧密的是视觉，视觉与听觉互为补充，使得信息获取更加立体、全面，从而在仅出现听觉信息时也能够感知出视觉信息，如听到窗外淅淅沥沥的声音就能想象出外面正在下着小雨的场景。每个人都有独特的音色，通过对声音的分辨就能识别其人是谁。将范围扩大，听到"咕噜咕噜"且伴随着气流蒸腾声不难想象出灶台上汤肴在炖煮的画

---

[1] 赵毅衡. 符号学：原理与推演 [M]. 南京：南京大学出版社，2016：130.

面。日本雅马哈（YAMAHA）摩托车是较早对声音进行设计的产品。

3. 通觉之触觉

按照由远及近的顺序，作为一种近觉，触觉在感知之前已经与视听信息建立了联系。与远感侧重整体性不同，触觉更加细致，能够感知物体的质地、纹理、温度等特性。当触摸到一个柔软、轻盈的物体时，脑中不难出现枕头、靠垫的画面；而接触到一个质地坚硬、粗糙的物体，也不会轻易下口食用。德国大陆集团（Continental AG）是世界上唯一拥有触觉设计师的企业，他们在20世纪早期就对轮胎花纹、皮革纹理等微观触点进行专项设计。

4. 通觉之嗅觉与味觉

嗅觉对于感知有气味的物体来说至关重要，特别是一些食物、蔬菜在变质腐烂后会产生酸臭味，通过嗅觉即可准确识别。由于嗅觉的作用原理是化学刺激，分子与嗅觉神经受体结合产生信息传导，其感知的记忆时间更加长久。透过阵阵香气，不难想象出厨房里即将出锅的是什么美食。

味觉与嗅觉是一体的，彼此的感知能相互印证，两者感知的信息都是粗放的，难以对细微的变化作出察觉和区别。然而，气味往往会与记忆相联系，某一气味被嗅觉或味觉感知到后，能够在脑海中再现出当时的情景。江南大学设计学院与食品学院就进行了有意义的嗅觉与味觉设计尝试。

第二节　产品符号的构成

首先必须明确，产品符号由产品形态呈现，不是单一的符号而是由多种符号集成的符号系统。产品符号系统❶是由不同的图像、指示和象征符号组成的系统。产品图像符号是形成产品功能的图像性符号，包括支持产品技术工作原理、形成产品结构的材料与工艺、区分不同功能的型号等方面的科学技术符号。产品指示符号是人机交互的指示性符号，包括引导操作的认知符号、确保安全的警示符号等。产品象征符号是产品形态寓意的象征性符号，外观造型设计是产品符号设计的核心内容。

一、产品符号意义的层次

所有与符号相关的定义，都是围绕"符号—表意"展开的，产品符号也是如此。表意是产品符号生成和传达的源头，但是现实中对产品符号意义的认知存在一些混乱。一个是永远

---

❶产品符号系统与产品符号传达系统是不同的概念。产品符号系统就是产品呈现的整体形态；产品符号传达系统是由发信人、信道、收信人、语境等组成的系统。

具有话题性的"功能"与"形式"孰重孰轻的争论；❶一个是对产品符号意义解读的主观化和艺术化，比如将一个产品放置在不同的展示场景中，可能会让受众（用户）产生反差性的感知。因此，有必要对产品符号的意义进行深入和细化，分析其构成的层次与内在的关联。

根据产品设计特征和过程，可以从"表达"和"内容"两个维度简要划分产品符号的意义（图 2-3）。产品符号系统通过明示义表达产品的类型、功能和使用方式，如有关产品技术与人机工程方面的内容，对应图像符号和指示符号；通过暗示义表达产品的文化意义及用户的情感联想、群体归属，如有关产品造型意象方面的内容，对应象征符号。

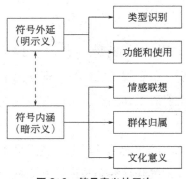

图 2-3　符号意义的层次

二、产品符号的表达面

表达面属于产品符号系统的外显层面，表示的是产品最基本的客观信息（明示义）。产品符号的表达面是可以为人体感官直接感知的产品功能、结构、材料、工艺等物质基础，是用户最为关注并认为最能体现产品价值的方面。产品符号表达面的形式与功能都是明确的、直观的，并且形成一定的配合和相互释义。如电子产品中的各种接口，充电口与耳机插孔的形状是不同的；按键上的方向标识，帮助说明操作后能达到的效果；等等。此外，产品符号的表达面不仅仅局限于视听等感官的知觉，与语言语义之间也存在一定的联系。以"椅子"为例，其作用是坐着休息，关联动作为"坐""扶""倚""靠"，而从符号名称上来看，"椅"与"倚"形成同音对应，通过名称就能了解到产品的功能和作用。

在产品设计中，符号系统的表达面可以分为识别和操作两个层次。

1. 识别——图像符号

识别一般发生在用户接收产品符号的最开始，以及每一步操作实施之前，对用户确认产品信息和功能使用有着重要意义。图形符号包括产品实物或三维虚拟形态的关键构件形式，

---

❶在中英文语境下，功能和形式的概念是不同的。中文语境下，功能包含实用功能和精神功能，形式就是外观造型；英文语境下，功能特指实用功能，形式是带有精神功能象征语义的外观造型。

以及不同功能的二维工程图。如图 2-4，用户（受众）看到产品即知这是健身车，以及哪里是座椅、把手、脚踏等，可以调坐高、肘高等。如图 2-5，基于标准的工程语言，企业内部围绕产品进行开发、设计、生产、服务的所有人员能够快速了解产品的技术信息。产品图形符号绝大多数是生产商围绕产品全生命周期（开发产品、设计产品、生产产品、产品服务和产品回收）共用的科学技术符号。用户仅需通过认知产品实物相关感性的图形符号，了解产品功能、结构、材料、工艺等基本物理信息即可。

对于传统机械类产品来说，大家直观产品，就可以一目了然其基本物理信息。然而，当下各类产品呈现出一种电子化、集成化的趋势，产品形态越来越少地受到机械性构件的影响，多以规则的几何形态出现。产品被简化为各式各样的"六面体"，里面的重要部件也全部以"黑箱"实现。这样的做法，模糊了产品边界，困扰了用户识别，使很多固有的对应关系不复存在。当然，这不是在否定产品的电子化、智能化，而是强调产品的表达仍要注重识别层面的设计。一是要根据类别客观提取产品特征，特别是一些在长期的传承和积累中形成的经典，如典型技术路线、结构、材料、工艺等科学技术符号，可以进行创新性的沿用；二是要做好用户（受众）的认知调研，不可简单套用标准和规范，忽视群体的发展和变化；三是要树立理性的设计思维，避免陷入标新立异、刻意求怪之中。

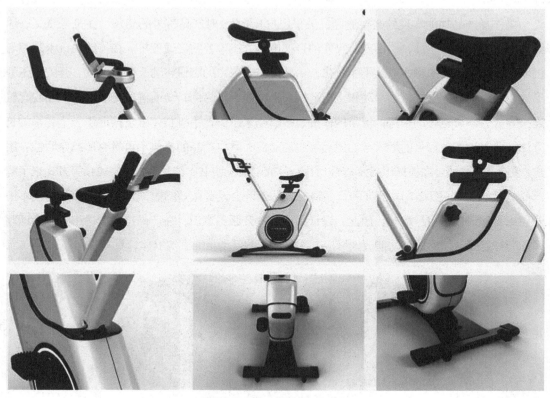

图 2-4　用户可感知的图形符号

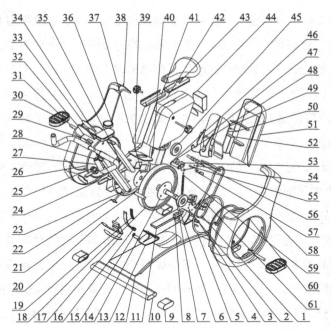

序号	名称	数量	备注	序号	名称	数量	备注
61	刹车模块	2		31	脚踏轴	2	
60	辅助轮	2		30	脚踏	2	
59	弹簧	1		29	手机支架撑板	1	
58	右壳	1		28	扶手架套壳	1	
57	摆板轴座	2		27	扶手	1	
56	从动轴	1		26	固转壳	2	
55	摆板轴	1		25	调节钮	3	
54	摆板	1		24	桥架	2	
53	轴承	4		23	扶手架底座	1	
52	电源模块	1		22	定位柱	1	
51	后壳	1		21	扶手架轴	1	
50	固线器	1		20	层板	6	
49	翼板	2		19	磁块	8	
48	张紧轮	1		18	飞轮	1	
47	摆板基座	1		17	拉线马达	1	
46	张紧轮轴	1		16	磁控杆	1	
45	从动轮	1		15	磁控杆底座	1	
44	处理器模块	1		14	飞轮定位盘	2	
43	座椅	1		13	外撑板	1	
42	上壳	1		12	底板	1	
41	座椅轴	1		11	底杠	1	
40	座椅轴套	1		10	支撑杠	1	
39	座椅轴固定板	1		9	防滑脚	1	
38	左壳	1		8	涩速器	2	
37	角铁	1		7	轮轴	1	
36	控制钮	1		6	主动轮	1	
35	扶手架	1		5	LED灯组	1	
34	扶手基座	1		4	轴承架	1	
33	硅胶垫	1		3	电源口	1	
32	手机支架	1		2	霍尔元件	8	
				1	皮带	2	
序号	名称	数量	备注	序号	名称	数量	备注

图 2-5　生产商内部通用的图形符号

2. 操作——指示符号

操作是产品功能实现的必要途径，关乎用户（受众）对产品符号的感知。在符号意义表达上对应的是产品易用性，包括产品尺寸的合理度、人机体验的舒适度等。在持续的技术升级与创新中，产品相关的操作形式不断变化，由原先需要费力的旋钮转动、手柄推拉、开关按压等形式，变为液晶屏幕轻松的滑动和点击形式。以智能手机为例，全面屏、无线充电、无线耳机连接等成为不可逆转的趋势，留下的按键、接口越来越少，手机整体愈发接近于一个扁平的长方体。此时，产品符号的形式与功能已经脱离对应关系，产品的操作不再具有形态自明性，用户（受众）需要通过面板标识指示符号（图 2-6）或附加说明书、图片、APP、视频等方式来了解产品的功能信息（图 2-7）。这样的产品符号表达无疑会设置认知门槛，特别是对那些本就不擅长使用智能设备的用户群体。因此，设计师应当提升服务意识，在产品符号表达中尝试合理联系和巧妙嫁接，使形式与功能形成呼应，人机之间的互动更加真实立体，具有乐趣（图 2-8）。

图 2-6　面板标识指示符号

图 2-7　APP 交互指示符号

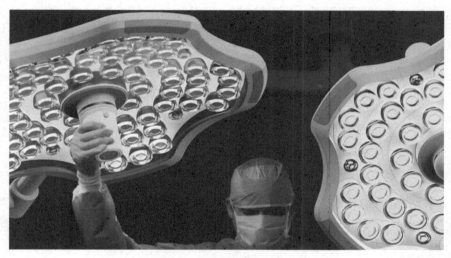

图 2-8　形态自明性指示符号

三、产品符号的内容面

内容面属于产品符号系统的潜在语义，表示的是产品实用功能之外的情感、象征和文化等非物质属性，包含的是希望被用户感知和关注的信息（暗示义），是产品符号系统中的象征符号。这些信息不是以产品形态和实用功能的形式明确显示的，而是在用户感知产品符号的过程中，基于个体的情感和经验内生出来的感性意义。因此，内容面的产品符号信息传达易受到主观认识的影响。一方面是发信方（设计师）在对内容面信息赋义时，需要具备一定的抽象能力，能够将相关信息充分概括并完整融入产品符号中。另一方面是收信方（用户）在感知产品符号时，需要有一定的想象还原能力，就产品符号的内容面进行一定的发散，获取其中潜在的语义表达（图 2-9、图 2-10）。

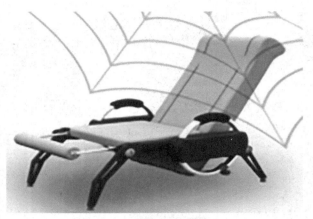

图 2-9　蜘蛛型按摩椅

图 2-10　蜗牛型按摩椅

在不同行业范围和不同产品类型中，符号内容面的侧重是不一样的。根据内容面的意义表达程度，可以分为以下三层。

1. 情感联想

情感联想是用户感知产品符号内容面意义所产生的最基本的体验，是以个体的心理状态、认知水平和社会的审美导向为基础的感性认知。[1]形式美感受是对造型元素直觉非功利的心理感受，能激发个体浓郁的情感体验。例如，在感知色彩时，红色对应"热血""喜庆"，蓝色对应"静谧""忧郁"；在感知形态时，直线对应"坚硬""正直"，曲线对应"流畅""顺滑"。现代大众消费电子产品一般采用中性简约的造型风格。

意境美是对造物意象主观功利的心理感受，能激发人们强烈的情感共鸣。产品作为一个复杂的符号系统，不仅能使用户在接触传达的过程中直接感受"美"与"丑"，还会使用户产生各种各样的联想并作出"好"与"坏"、"善"与"恶"等判断。如图 2-11，客车头部外形仿

---

❶王伟伟，许蕊，廖轲，等 . 基于通感转译的产品造型设计语言聚类方法 [J]. 机械设计，2020，37（2）：138-144.

照孕妇的大肚子，让上车的乘客犹如进入妈妈的怀抱。大型机电产品一般采用感性婉约的造型风格。在长期的产品符号传达意义的积淀下，用户对一些品类已经建立了相对固定的情感联系，合理突破这些固有的联系，往往能够使产品符号具有更大的冲击力和吸引力。

图 2-11　铰接城市公交车

2. 品牌认同

品牌认同是产品符号表达面所追求的深层内涵，是用户与产品情感关联的延伸，其产生是源于对产品的品质、价值或文化等方面的认可。这种认可一般表现为以下两种形式。一种是偏向于特立独行、追求个性彰显——个性化，一种是积极跟随潮流、渴望融入集体——大众化。例如，对比奢侈品与一般商品，两者在形态、功用上几乎相同，在价格上却相差极大，但仍有很多人花费重金购买。此时，奢侈品的符号内容面更多表现出非物质性特征，象征着高端、财富，成为一种社会地位的映射。而以极致性价比和"发烧友"的品牌文化著称的小米手机，积极回应用户需求，对接用户痛点，在获得大众认可度的同时，也获得了一定基数的粉丝群体——"米粉"（图 2-12）。可以说，品牌认同是所有产品设计追求的符号表达。

图 2-12　小米品牌的认同

3. 文化价值

文化价值是产品符号最深层的意义表达。这一层次的符号意义体现的是非物质性的象征功能和文化价值，旨在从思想理念层面向用户（受众）传达某种价值取向。当下，物质过度满足和生态环境保护之间的矛盾、不可持续发展等持续困扰人类生存的问题一直挥之不去。

因此，越来越多的产品符号的发信方开始主动承担相应的社会责任，将可持续发展的生态理念融入产品符号内容传达。此外，还有产品设计符号中出现越来越多的国家、地域、民族传统文化元素，在进行产品设计创新的同时，也是对文化自豪感的弘扬。❶ 一个国家固有的造物文化也是世界文化的一部分，其开放包容、科学合理的主张自然会受到大众的认可。如图 2-13，从司空见惯的关公形象到北京奥运大巴，体现自信、大度、包容的中国文化；如图 2-14，从恢宏大气的紫禁城到时尚新颖的日用炊具，体现中国制造的文化自信。

图 2-13　2008 年北京奥运会 13.7 米城市客车

图 2-14　凌丰"国潮风"系列炊具

第三节　产品符号的传达模式

在产品设计中，符号学的运用影响着产品设计的表形性思维的表述，也正是由于它的存在，使产品设计的信息传达更加科学准确，表现手法更加丰富多彩。现代符号学的研究表

---

❶李超，刘翔宇，王征宇. 中国传统文化对产品价值感知的作用 [J]. 包装工程 2020，41（20）:19-23.

明，任何一个产品本身便是一个具有符号意义的符号系统，因此，产品设计也是一个完整的符号传达系统。

根据香农-韦弗传达模式，我们以产品作为符号，对模式进行转换，形成了以下产品符号的传达模式（图2-15、图2-16）。

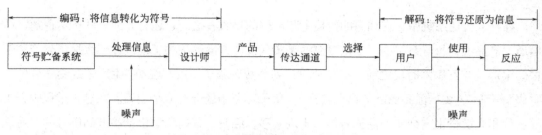

图2-15 产品符号学传达模式简易示意图

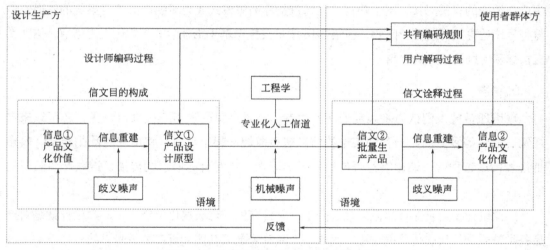

图2-16 产品符号学传达模式详解示意图

1. 信息源

在产品符号系统中，信息源就是与产品有关的符号贮备系统，是设计生产方设计师一切有关产品的思维的来源。产品制造企业拥有较为完备的产品信息的数据库，设计师从中获取相关信息而形成的设计思维，就是产品符号的信息源。

2. 传播者

设计传达中的传播者就是以设计师为代表的群体，这一群体包括设计师、结构工程师、材料工程师等。除此之外，还有以委托人为代表的产品提供方，即生产商。他们根据需要设计的产品，在这些储备的符号系统中收集和整理这些符号信息，将各种编码进行有规则的编排，形成所需要传达的对象，即产品。

3. 接收者

接收者就是广大的使用者群体，即用户。相对于产品的使用而言，所有人都是用户群体中的一员，包括设计师、工程师、委托方，因为产品的受众是整个人类。

4. 信道

在符号传达系统中，在编码的传播者和解码的接收者之间，还有专业化的传达通道，即信道。产品设计符号系统中，信道对应的是实现设计方案的各类工程设计、大批量生产和销售的渠道。在互联网时代之前，产品从设计到消费者购买使用需经历"生产—经销—分销—零售"等环节（由产品到商品的概念转换），每一环节中还会有多个层级。在这一过程中，工程设计和大批量生产会使产品符号传达出现偏移，经销、分销和零售会使产品符号的时效性流失。物联网与互联网的快速发展，打破了原有的层层分销，没有传统的中间渠道，实现了生产与消费的直接对接，网上购物、直播带货等销售模式成为新的产品符号系统的信道，使得符号传达更具针对性。因此，在图2-16中，仅标示基于工程学的专业化人工信道，信文②直接标示为批量生产的产品。

5. 噪声

噪声通常被人们认为是杂乱无序的声音。但是这里的噪声不仅来自听觉，还可以来自视觉、触觉等多方面。当各种集中的信息超负荷地一起呈现时，将出现混乱的现象。噪声是符号传达过程中一切影响符号传播效果的因素，是对目标信息的传播、接收产生阻碍的信息。

工业设计是对工业革命以来社会分工、学科专业分化极端化的修正，产品设计就是对产品各类符号进行集成优化的过程。因此，产品符号是极其庞大复杂的符号系统。根据前文马克斯·本泽有关产品符号与设计的三个理论和三个维度之说，兼顾噪声产生的原因，可以将产品符号系统的噪声分为机械型噪声和歧义型噪声（俗称符号学噪声）。产品机械型噪声是产品符号系统运行过程中自身产生的紊乱失调和系统干扰，主要存在于信道中，如图2-17所示；产品歧义型噪声实际上是一种信息的不对称，是在产品符号赋义和解读过程中产生的歧义，其广泛存在于传播过程中，如图2-18所示。

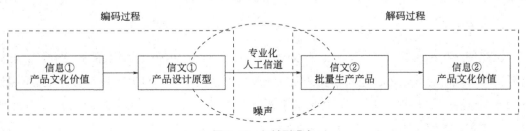

图2-17 机械型噪声

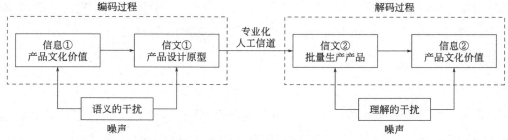

图2-18 歧义型噪声

在产品符号传达中，歧义型噪声主要会在两个地方出现，一个是设计师团队在编码的时候，另一个是用户在解码的时候。但是起决定性作用的是后者，因为设计师所面临的混乱只存在于其自身构思的阶段，而用户面临的混乱则直接影响了他们对于产品这个信息的接收。比如，用户对设计师的符号认知存在偏差，会自主放大或缩小语义的范围。因此，设计师需要用敏锐的判断和平和的心态来减少噪声的干扰，对产品加以改变和完善，使其带着正确的信息展现在用户群体的面前。机械型噪声主要会出现在产品结构设计、材料与工艺设计等生产准备过程中，由于技术水平、工程技术人员的美学素养等原因，对产品符号赋义表述不到位，最终影响到用户对产品信息的准确接收。

6. 共有规则

共有规则指的是发信人编码与收信人解码所共同遵循的符号规则。一个符号传达系统中，共有规则所占的比例越高，传达就越顺畅，反之则越困难。作为产品符号传达的主导者，发信人要尽可能地把握和遵循与收信人之间的共有规则。因此，企业必须充分利用互联网技术，与用户之间构建便利通畅的互动渠道。在沟通过程中，潜移默化地建立、修正和完善共有规则，形成企业产品符号特有的禀赋。彼此了解会加强信任度，提高企业品牌的认可度，聚集稳定的消费者群体。

7. 反馈

用户使用产品并不是传输者的目的，用户在使用产品后对产品产生的反应（反馈）才是传达最终的目的。而这种反应才是以设计师为代表的传输者真正想要传达的信息。但是，用户的反应是否与传输者所设定的那一种原信息相一致就无法肯定了。单向的符号传达很容易带来理解性偏差，减弱了传达效果。收信人的反馈有利于形成传达闭环，丰富共有规则。发信人也能够从中了解到收信人对产品符号的接收程度，从而在下一阶段的编码中进行改进和升级。需要强调的是，现实中的产品符号传达不是一次性的，产品是成系列开发和生产的。因此，收信人的反馈就显得非常重要。以市场为导向、以用户体验为基础的产品开发理念，都在进一步强调对产品符号系统传播效能评估——设计评价的重要性。反馈是产品符号系统优化的必要手段。反馈不仅在用户使用产品时发生，也在产品开发设计过程中，尤其在概念设计阶段的用户需求调研和造型设计阶段的最终方案评价时，对产品语义的形成和修正发挥着重要作用。

8. 语境

产品设计符号的传达是发生在一个具体场景中的，与传达相关的一切文化现象都可以看作是产品符号语境。语境不作为符号传达的要素，但却影响着符号传达的实现。

第四节　产品符号的符码转换

产品符号的传达过程就是符码转换的过程。符码转换包括符号的编码、解码、聚合和传达质量控制（噪声控制）等工作。

一、产品符号的编码

1. 编码规则

根据产品符号编码的内容和表现，可以将产品符号的编码规则分为两类：一类为语义学规则，另一类为语构学规则。语义学规则表现为对产品信息意义的转化和再现，语构学规则表现为对产品信息结构的整合和排布，两者从意义和结构两个层面对产品信息编码提供指引。需要注意的是，两种编码规则不是彼此独立的，而是存在互补、共同作用的。特别是在处理象征信息时，符号的多义性就需要语构学规则进行限制，通过对信息本身的合理架构，从而产生合理解释的效果。

2. 编码方式

除了遵循宏观上的编码规则，在实际编码过程中更多围绕的是对规则依存和语境依存的程度。因此，可以将符号编码的方式分为三种，依次是科学编码（规则依存型）、艺术编码（语境依存型）和现实编码（共存型），如图 2-19 所示。

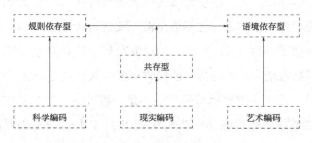

图2-19　符号传达的类型与编码性质

（1）科学编码。科学编码的特质是客观、准确，其所对应的符号意义是确定的、唯一的，在符号传达系统中可以顺畅地完成信息的传递。科学编码通过图像符号、指示符号表达明示义，传达客观准确的符号信息。科学编码属于理想中的编码形式，是建立在特定的规则之上的。但是科学编码的形成却并不容易，从"经验积累"到"概念总结"到"实验验证"再到"获得普适性的规律"，中间需要经历较长时间的筛选，并且会有很多编码在此形成过程中因达不到相应的标准而被放弃。

比较典型的科学编码，如阿拉伯数字对数量的记录、速度对物体状态的描述等，这些科学编码的形式与内容能够为所有人所理解和掌握，可以单独存在，不需要语境进行辅助解释。在这一特性下，采用科学编码的产品符号是一种完全客观的传达，只参与实用功能的构成。产品符号设计过程采用科学编码的有：市场调研、行业规范调研、技术调研、结构设计、材料与工艺设计、人机界面设计等。

（2）艺术编码。艺术编码的特质是主观、感性，其所对应的符号意义是丰富的、多层的。艺术编码仅限于纯粹的艺术领域。严格来说，纯粹的艺术编码是不能构成产品符号和参与符号传达的。在缺乏共有规则的情况下，传达者不会考虑接收者的感受，接收者全凭主观的感知去理解，难以形成符号的有效传达。历史上，未来主义（或自然主义）大师卢吉·科拉尼，乘流线型之风，行艺术创作之实，设计了很多极富艺术张力的产品，最终都未形成批量化生产的商品。

（3）现实编码。在现实中，产品符号系统设计完全依赖规则化的科学编码和个性化的艺术编码都是较难实现和罕见的，更多的是将两者相结合的现实编码，如表2-2所示。产品符号系统传达的不仅是科学编码的实用功能意义，还有艺术编码的审美、文化等层面的精神意义。现实编码兼具两者特点，既受到规则的限制，有着相对成熟的标准和流程规范；又受到人为因素的影响，如能力水平、情感态度、价值观念等。在产品设计过程中，传达实用功能意义的图像符号和指示符号采用科学编码，传达精神意义的象征符号采用现实编码。接收者解读现实编码的"产品符号"和"符号系统"，一方面须依靠相关科学编码的规则，另一方面须依靠语境、联系上下文进行"意会"。不同个体对现实编码符号的认识是不同的，不同文化背景下的理解也是不同的。正是这不确定的多义性给用户创造了有趣的想象空间。为实现用户有效地意会预设的象征意义，设计师往往依靠现实语境，基于科学编码规范，运用艺术编码手段，塑造合乎科学和艺术的现实编码。因此，设计师进行艺术编码与艺术家存在本质的区别。产品符号系统设计过程中涉及现实编码的有造型方案设计、CMF（Colour，Material，Finishing；色彩、材料、表面处理工艺）设计等。

表 2-2　产品符号的编码形式

编码方式	编码依据	特征	表现
科学编码	完全依存规则	客观、准确、唯一	实用功能
艺术编码	完全依存语境	主观、感性、多义	审美、象征功能
现实编码	共存型	受规则和主观价值的共同影响	现实传达

3. 产品符号的多维感官协同编码

考虑到产品设计的功能、内涵以及后续的生产对接，其所对应的符号系统是复杂的，在对其进行编码时，需要进行多维思考，遵循语构学和语义学规则。具体来说，可以通过整合多维感官，增强系统冗余，实现符号互动，丰富产品形象。

视、听、触、嗅、味是符号感知的基础，产品的实用功能和象征功能都可以拆解成单一感知符号或组合感知符号的形式。产品形态对应着视觉感知，产品材质对应着视觉感知和触觉感知，产品的实用功能则对应相应的感知，如视频播放功能对应视觉感知和听觉感知。

整合多维感官进行符号编码，使产品信息能够在多维通道内进行充分演绎，同时也能够保障符号在解码时获得充分表达。[1] 需要注意的是，在感知符号中使用"通感""夸张""借代"等修辞互动，符号能够突破固定维度，获得跨界表达，从而增强产品的意蕴和趣味性，使产品的形象更加全面和立体。

4. 产品符号传达三个维度的编码方式

符号学有图像、指示和象征符号三种类型，那么相应的产品符号传达也同样分为三个维度。本泽在《符号与设计》一书中提到，设计对象在符号学上可以通过三个关联物或自由度、向度来规定。[2]

（1）具有技术的物质性或一种物质向度的对象，称为"质料性"。它是一种单一的传达过程，对应符号传达类型中的规则依存型。此维度通过产品技术、材料成型、加工工艺等科学技术类符号，采用科学编码方式，以专业的工程语言——图像符号来传递产品实用功能信息。此维度确保产品概念形成过程的技术解构与产品造型形成过程的技术重构之间符号传递的逻辑性和科学性。这方面工作必须遵循结构工艺理论，它涉及机械或自动化技术，是经过无数符号传达系统验证过的客观且理性的科学编码。在产品设计过程中，对科学编码的提取就是对结构工艺理论的考量，更是将产品的功能实体化的必要手段。

（2）具有语义学向度的对象，称为"形态性"。这是符号的赋义与赋值过程，因此对应符

---

[1] 杨梅，薛明明. 基于用户多维感官需求的家具意象评价方法探究 [J]. 包装工程，2020，41（8）：111-117，139.
[2] 马克斯·本泽，伊丽莎白·瓦尔特. 广义符号学及其在设计中的应用 [M]. 徐恒醇，译. 北京：中国社会科学出版社，1992：116.

号传达类型中的语境依存型。此维度通过点、线、面、肌理、色彩、光泽等造型元素进行艺术编码，构建产品象征符号，传递产品意象的象征意义。此维度确保产品外观能够较好地传递设计师预设的产品应有的寓意。此方面工作必须遵循符号传播理论，它与使用对象即产品的使用、操作、维护等有关，换句话说就是与纯人性的活动即艺术活动有关。艺术活动是由艺术编码的符号系统所构成的，因此，符号传播理论就对应着符号编码中的艺术编码，决定着产品实体化的表现形式。

（3）具有技术的功能性或语构向度的对象，称为"构成性"。它所对应的是符号传达类型中的共存型。现实产品符号设计过程中，既要考虑"质料性"和"形态性"，还要考虑市场、人机等其他因素。产品设计一方面有固守的规则——技术的功能性，另一方面也在打破原有规则，创造新的规则（技术创新）——语构向度。除了语义向度和语构向度，还有语用向度（此时语用向度相当于符号传达过程中的语境），它的用途与使用需要通过上述三种向度协同才可以完成。此维度的"构成性"就是产品符号系统的语义形成，即产品概念设计阶段的语义解构和语义重构。相应于皮尔斯的符号学过程，语构向度通过现实编码形成产品概念，以质料向度规范形态向度（语义向度）；通过产品造型设计，得出了可供使用和消费的特定的产品形式——指示符号。此维度工作遵循语用学或目的论的理论，❶它涉及在一定环境中它的目的或对某人的适用性。也就是在不同环境中人的目的将会随着环境的改变而改变。因此，语用学或目的论其实是在强调产品的外部因素会对产品产生巨大的影响。这不仅是技术问题，也是美学问题，因此语用学或目的论的理论对应的编码类型就是科学编码与艺术编码共存的现实编码。

二、产品符号的解码

解码是编码的逆过程，就是把产品符号系统解构为图像符号、指示符号和象征符号。产品设计中的解码是将经过编码的符号还原成原有信息。解码与编码发生在符号系统的不同阶段，符号解码的实现与发信人、收信人双方的认知水平和共有规则相关。收信人（用户）在使用产品时是解码的过程，发信人（设计师）在设计调研时也是解码的过程。

1. 解码立场

斯图亚特·霍尔将符号解码（立场）分为三种，分别是"主导—霸权式""协商式"和"对抗式"。❷"主导—霸权式"是收信人能够完全认可和接收发信人的信息；"协商式"是收信人

---

❶ 所有批量生产的产品对应的符号系统传达都是共存型编码方式。作为系统，其必须有明确的目的性。产品符号系统的目的就是建构产品符号与用户的良好关系（产品语用学内容）。

❷ 李媛媛. 斯图亚特·霍尔的传媒理论研究 [J]. 中国社会科学院研究生院学报，2004（6）：64-67，142.

的思想与文本意义之间存在相互对话，即协调解码；"对抗式"则是收信人能够认识到符号所表达的意义和发信人的意图，但是做出有违发信人所期待的操作，甚至是以排斥和对抗的形式。反映出收信人具备较高的认知水平，注重个人体验感的获取和对外力干预的反感。

在现实的符号传达过程中，为了促进符号传达的有效性，"协商式"的解码立场通常更易受到发信人的青睐。对话减少了发信人与收信人之间误会的产生，形成符号传达闭环。

2. 解码方式

（1）直接解码。直接解码指的是将符号按照编码规则逆向解码，其实现的基础建立在发信人与收信人遵循的既有规则。直接解码通常存在于科学系统中，图像符号和指示符号系统发展成熟，收信人、发信人双方已经形成共知、共识。用户使用不断迭代更新的同一产品（尤其是同一品牌），对其类别、功能和使用方式都有充分的认识，会潜移默化地产生直接解码的能力。

直接解码属于线性解码，信息的编码和解码处于同一维度，如视觉符号的解码仍通过视觉通道进行解码还原。直接解码的优势在于能够直接快速地完成符号的解码，但是在现实情况中符号系统并不完全可以进行直接解码，更多是无法通过直接解码获取信息，或者是获取信息不完整。

（2）间接解码。间接解码仍是建立在既有规则的基础之上，与直接解码不同的是，间接解码属于网状解码，其解码通道不按照原有的编码途径逆推，而是通过其他单一或综合通道的间接感知来获取信息。间接解码普遍存在于现实生活中，符号系统发展并未成熟，收信人、发信人双方尚未形成共同的认知，需要多渠道综合感知。例如，产品设计形态不仅可以通过视觉感知，还可以通过触觉进行更加细致且具体的感知，如图2-20所示。间接解码能够扩大符号信息的承载，避免因直接解码而造成的信息破损和遗漏。多维感官符号是间接解码的重要组成部分。

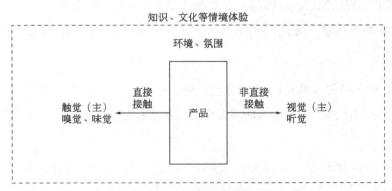

图2-20 产品互动中的解码方式

3. 破译

在实际传达过程中，有时会存在发信人与收信人之间缺少既有符号系统规则作为依据的情况，此时符号传达实现受限。为了尽可能多地获取符号信息，收信人往往会通过破译的方式来解码符号。因为缺少既有规则的支持，破译往往需要经过不断的尝试，参照符号经验进行类比和推理。在缺少共有规则下的破译，往往会出现不可避免的解码偏移和不同程度的符号信息损失。有关产品安全的实用功能、操作指示类符号一般不需破译，各级各类标准规范以确保它们能被用户顺利感知。需要破译的是产品象征符号（或产品特有符号的象征意义）。在产品设计中，对符号的破译可以结合相关语境，主要有以下两种参照。

（1）品牌企划。产品不会产生于虚无，设计必然是建立在一定的价值基础之上。品牌故事和企划方案与产品符号的内涵息息相关，收信人从这一角度出发能够获得相关的信息提示，增加对符号信息破译的可能性和准确度。

（2）文化习俗。在生活积淀和历史演进中，文化习俗对人的行为和思想认知具有重要的引导作用。作为设计活动的产物，产品符号也不例外。通过对地域文化的接触和习俗惯例的认识，可以更好地理解和推演符号内涵和外延，从而促进对产品符号的正确破译。

三、产品符号的聚合

产品设计有着相对成熟、完整的流程，一般可以按照概念形成、造型设计、方案评估分为三个阶段。在概念形成阶段，对产品符号系统解码，收集产品相关信息，形成产品调研报告与产品定位；在造型设计阶段，对产品符号系统编码，以方案构思和深入为基础，完善结构设计，辅以色彩搭配与标识设计，并通过材料与工艺选择、产品原型制作形成最终方案；在最后的方案评估阶段，对产品符号系统传达效果进行评估，依据产品语用学设计原则衡量产品设计效果。

单一的信文传达是线性的，但是产品设计的过程并不完全是线性的，在不同阶段有着不一样的聚合关系。[1] 按照索绪尔结构主义符号学有关符号聚合的论述，规范产品符号系统设计的流程。

1. 产品符号的横向聚合

产品设计的整个流程就是横向聚合。在符号传达过程中，符号传达系统各个环节（流程）的横向聚合是串联方式。横向聚合各个环节缺一不可，并且次序不得转换，如图 2-21 所示。

产品调研是对现有产品符号系统语义解构的过程，是设计师迅速获取产品信息的过程。一是了解产品市场和行业规范等产品入市信息，熟悉产品编码的相关语境；二是了解实用功

---

❶吴琼.基于符号学的产品设计 [J].包装工程，2007，9（28）：128-130.

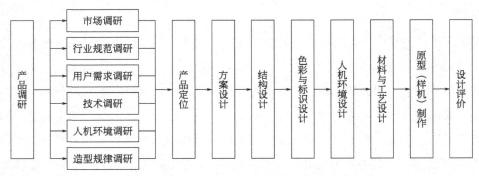

图 2-21　产品设计中的符号横向聚合方式

能和技术水平等客观信息，掌握必要的专业知识，做好科学编码依据的收集；三是有针对性地获取用户群体的行为习惯和真实需求，洞察用户对产品符号意义的期待及解码能力；四是剖析同类产品语义演变的规律。产品调研主要从相关市场与相似产品（竞品）、行业标准与法律法规、用户需求、产品功能与技术、人机关系、造型规律与设计趋势等方面展开。这六个部分属于调研必要的内容，没有明确的先后关系，可以交叉整合，但缺一不可。

产品定位是在现有产品符号系统语义解构的基础上，综合产品各项调研的结果，对新产品进行语义赋义的过程。产品定位对符号编码有着指引作用，其准确性与合理性将关系到设计项目的成败。

产品定位确定了产品概念，随后依次展开方案设计、结构设计、色彩与标识设计、人机环境设计、材料与工艺设计、产品原型制作等工作。

原型（样机）制作是将产品符号实体化，是产品符号编码的最终验证。严格按照相关符号要素和规范制作产品样机，经安全检查、操作试用等综合设计评价通过之后，方可进入批量生产阶段。

2. 产品符号的纵向聚合

所有的设计环节都是纵向聚合。在符号传达系统过程某个环节点上，相似符号的纵向聚合是并联方式（图 2-22）。理论上每一个符号都能参与横向聚合，但是考虑符号传达的科学性和艺术性，必须遵循符号属性的具体规范。实际工作进程中，每个设计环节并联的方案组中只有一个方案能进入产品符号系统的横向聚合体系。选定方案必须与产品符号系统存在必然的、合理的逻辑关系。

方案设计需要完成两部分的内容，一是以实用功能为代表的物质层面设计，二是以文化审美功能为代表的精神层面设计。实用功能建立在相关技术、材料、结构、人机尺寸和标准规范的基础上，与科学编码相对应。产品的文化审美功能则显得较为复杂，与产品种类、市场环境、文化背景等宏观因素都有所关联，而这些因素并不能以固定的标准或参数呈现，属

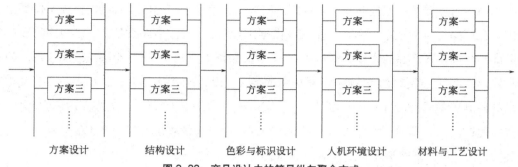

方案一	方案一	方案一	方案一	方案一
方案二	方案二	方案二	方案二	方案二
方案三	方案三	方案三	方案三	方案三

方案设计　　　　结构设计　　　色彩与标识设计　　人机环境设计　　材料与工艺设计

图 2-22　产品设计中的符号纵向聚合方式

于艺术编码的范畴，但并不意味着产品的文化审美功能部分毫无着力点。在产品调研阶段，对相关市场与相似产品的分析，可以推演造型规律与趋势，明晰用户群体的行为特点和文化习俗。进而在产品概念设计阶段按语构学研究的结果指导产品方案设计的方向，减少符号多义性的产生。这一过程可以通过草图、草模型的方法进行推导、深入和确定。

结构设计是产品成型和功能实现的重要支撑，需要严格遵照科学编码进行操作。同时，作为连接方案设计和产品生产的中间环节，结构设计不但要在既有的方案设计形态下完成内部结构的排布和相关零部件的固定，也要符合当下的技术生产能力，选择机构传输的合理路径，提高功用效率，保证制造的可行性和性能的可靠性。

色彩与标识设计是产品设计的画龙点睛之笔。一项完整的产品设计应当包括色彩的配比和标识的摆放。色彩是产品重要的识别符号，合适的色彩能够使产品符号效果更好地体现，一些特殊品类的产品更是有特定的颜色，这一部分需要使用艺术编码的方式寻求最佳视觉效果。产品标识包括标志、警示等图文信息，标识位置的摆放会影响企业品牌的宣传以及用户使用的安全性和舒适性。

人机环境设计是实现"人 - 机 - 环境"和谐关系的必要过程。一方面，确定产品零部件人性化的形态、合理的组合方式及相应的操作导视方案；另一方面，营造人与产品所在的特定环境。有效的人机环境设计确保产品安全，改善产品使用体验，发挥产品的实际效用。

材料与工艺设计是考虑产品符号的具体承载形式，为设计方案的生产做好准备。这一环节既要注重对材料与工艺的科学运用，保证产品实用功能的实现；又要考虑材料与工艺呈现的感性效果，保证产品符号象征功能（精神功能）的实现。在产品表面装饰材料与工艺设计时，往往与色彩设计协同，即 CMF 设计。

四、产品符号的传达质量控制

产品符号的传达质量控制其实就是对产品符号系统赋义、成型、释义过程的噪声控制。根据噪声的传播学和符号学分类，分为符号系统运行本身所产生的机械型噪声和符号传达过程中对指涉对象理解不完全的歧义型噪声。前者主要存在于信道中，后者则存在于传播全过程中。在产品符号传达系统前端，发信人占据主导地位，设计师（发信人）在构思阶段产生的混乱，会体现在产品的设计和制造中（编码），使得用户（收信人）无法正确厘清产品的内涵和外延，产生解码偏移，影响对符号信息的接收。设计过程中，各种反馈（评价）❶及与用户的符码共建都是控制噪声的必要手段。在产品符号传达系统后端，收信人占据主导地位，传播过程产生信源噪声和媒介噪声会干扰用户对产品符号的正确解码，产生受众噪声。设计过程中，设计师须通过语境营造，避免出现这些不利因素。

1. 符码整合——符号系统赋义的协同创新

符码，即已编码的符号，特指不可再分的相对成熟的产品符号子系统，有着明确的规则和特定的意义。符码是产品符号系统集成（整合）的基本单元。在此基础上，产品符号系统的传达能够较为容易地实现，产品符号传达系统之外的人员也可以通过符码的学习获取符号信息。

在现有的产品设计体系中，设计任务趋于结构复杂化、功能多样化，并且所涉及的学科类型和知识领域也愈加多样和广泛。不同领域之间存在着天然的知识壁垒，难以沿用一成不变的编码规则，这也就是在编码阶段产生传播者（发信人）噪声的原因。因此，需要将各类符码进行整合，通过对设计要素的横向聚合和纵向聚合排布，建立产品系统设计流程，形成对产品特定形象统一的理解，从而避免歧义的产生。符码的整合是一项系统工程，需要设计者在长期的设计实践中，通过对成功案例的总结和失败案例的反思，不断加以调整和明确。需要强调的是，符码不为单个设计者所有，而是为组织和团体所共有，并为集体所遵循。产品概念形成——产品定位是整合产品所有信息的过程，因此需要多学科多专业人才以及用户的协同创新，尽量消除编码阶段发信人之间的歧义型噪声。

2. 系统完形——符号系统释义的自我修复

符码整合强调对规则的统一和平衡，在编码阶段发信人意见达成一致，从而减少在认知层面的偏差。系统完形则是对格式塔完形理论的移植和化用，强调从整体的角度把握符号编码，收信人在解码时通过系统完形后能够完整识别符号信息。产品设计符号系统中，脱离产品本体的单一符号不能获得正确感知，但是放置于符号系统之中，收信人可以获得准确感知。如电子产品界面上的各种信号灯，充电状态下红色表示电量不足，绿色则表示电量已满或接近饱满。系统完形能够有效弥补和消减符号系统自身的机械型噪声和传播过程中的歧义型噪声。因此，设计者在产品符号编码的过程中应当立足整体，注重符号关系的组合和平衡，从而减少用户解码阶段歧义型噪声的产生，提高符号信息传达的效果。

---

❶虽然在产品系统设计过程中仅在最后呈现综合的设计评价，但实际上在每一个环节都存在较为专业的评估行为。

3. 信道保障——符号系统信文的准确传输

从产品符号系统方案形成到成型，需要经过技术部门的结构设计、材料与工艺设计以及生产部门的批量化生产等流程——信道。基于工程学的专业化人工信道的工程设计和大批量生产会使产品符号传达信文出现偏移，出现符号传输噪声——机械型噪声。解决机械型噪声，必须确保企业内部技术和设计部门的流程规范和有效沟通。在产品符号系统方案形成后，工程师必须明确设计师语义传达的目的，技术服务设计，并严格指导生产。为实现信道符号系统形成的可靠性，必须确保符号传输结构的稳定性。因此，工业设计师团队必须有专业人才参与生产和市场相关信道，控制符号传播质量，实现设计与制造、设计与市场的有效衔接。

4. 设计评估——符号系统信文的持续修正

在产品设计过程中，产品符号系统的解构和重构都离不开不同层面和层次的设计评估。设计师在设计过程中，每一步、每一个创意都应该收到相应用户和专业人才的反馈意见。产品符号系统信文在一次次反馈中，不断修正、充实和完善。因此，在每一次评估中相应的人员组成和评估方法的选择都极为重要。

5. 语境营造——符号系统认知环境的有力保障

在产品设计符号传达系统中，语境对传达效果的影响不可忽视。设计符号的传达过程属于非即时传达，符号语境存在时空错位，预设语境极易发生变化。对符号语境进行有效的营造，有助于形成"闭环"系统，从而提升符号传达效果。

随着物质条件的不断提高，大多数产品在销售时已是买方市场，同质化现象严重。想要脱颖而出，除了注重自身质量和功能之外，还需打通与用户之间的联系。作为与生产生活联系紧密的大众媒体，拥有着强大的话语权和影响力。通过大众媒体，在用户周边构建起产品符号语境。通过信息的多层包覆，不断加深用户对产品符号语义的印象，触发用户购买欲。互联网技术发展催生了网红经济，数字仿真技术发展带来了元宇宙，这一切都显示出语境营造对制造业产品开发的巨大影响。以互联网平台为代表的制造企业率先把产品设计推向市场一线，与用户直接交流，构建共设的语境，有效提高产品开发的成功率。

6. 规则完善——符号编码共有规则的不断更新

以设计师为代表的发信人和以用户为代表的收信人拥有相同的编码规则，才能实现产品符号系统信息的有效传播。随着技术、市场、社会等因素的不断变化，双方共有的编码规则也会相应变化。因此，必须关注产品符号与用户的关系。一方面，运用语用学方法分析用户符号解码的效能，反馈给设计师，不断修正完善产品符号系统；另一方面，在产品概念设计阶段加强设计师与用户的互动，提高用户对编码符号的认知水平，并促使双方对产品符号编码共有规则的不断更新，显著提高产品符号传达的效率。

第五节　产品符号设计基本原则

综合解析认知产品符号的生理心理机制、产品符号的构成、传达模式、符码转换方式，基于产品系统设计理论，寻求符号学原理在产品设计过程中具体的设计原则。

一、产品语构学设计原则

在产品概念设计阶段，符号设计过程概述为：基于产品用户需求、功能、结构、材料、工艺、人机环境和形态诸设计要素，进行市场、行业规范、用户需求、技术、人机环境、造型规律等调研，全面解构现有产品的符号系统，寻求产品符码与符码之间合理的组合方式，最终形成产品符号系统的赋义。

产品语构学设计原则针对产品系统设计中的产品概念设计阶段提出了四种原则。逻辑性原则强调以设计师为主的发信人在传达产品这个符号时必须将自己放在与用户同样的语境之中，只有相同的语境才能提取出与用户的思维模式一致的编码。而后三个原则是按符号的三个主要元素功能、形式和环境依次提出的。四个原则将为设计师的产品构思找到合适的起点。显然，谈到形式就必须有语义学的协同，谈到发信人与用户共有同样的语境就必须有语用学的协同。

1. 语构学逻辑性原则

设计师与使用者在认知模式上具有一致性。前文有说过，在皮尔斯的理论中，符号其实是一个庞杂的媒介贮备系统。语构学过程就是在这个错综复杂的贮备系统中收集和筛选将要用到的信息，而这个媒介贮备系统存在于人的思维中。每个人的性别、年龄、出生地、经历等自身条件不同，其拥有的媒介贮备系统就会有所差异。产品符号贮备系统是设计生产方的设计师一切有关产品的思维的来源。不同的产品通过不同的形状、颜色、材料、质感等因素表达其不同的含义。所以，在对产品这个符号进行创建时，设计师与使用者之间必须有认知模式上的一致性，统一的语境才能创造出和谐的产品内系统，从而传达出正确的信息。在面对不同的使用者人群时，设计师也必须研究不同的认知模式，让设计出的产品可以被更多人接受。因此，运用语构学方法，对产品进行技术解构，了解产品零部件组成的逻辑关系，遵循科学编码的原则，确保产品实用功能语义的准确传达；对产品进行文化解构，了解用户对产品的文化认知状况，遵循艺术编码的原则，实现产品精神功能语义的有效传播。语构学逻辑性原则能够保持产品功能概念的延续性，并引起使用者对设计师产品创意（形式象征寓意）的共鸣。

2. 寻根性原则

追寻产品的本源，基于人的根本需求才能确定产品的功能。何为寻根？"根"是事物的本源，因此寻根就是找寻事物的本质。如果说功能是产品的本质，那何为功能的本质？找寻功能的本质就是寻根性原则需要考虑的问题。一个产品之所以存在，是因为它帮助人们达到了他们各式各样的目的，无论这个目的的最终形态是物质的还是精神的，前提是这个产品的功能确实带来了用户想要的事物。也正是因为如此，人们才会接受这款产品，并且肯定它。但是，由于越来越多的人习惯于某一种达到目的的方式，使得很多人形成了固定的思维模式，总认为"如果我想怎么样，我就必须用那样东西"。而这种思维定式往往会让人忘了"我最初的目的其实是要做什么"。

当设计师接到一个产品的设计任务时，他会毋庸置疑地开始分析现有产品和历史产品，在分析过后设计师会开始构思未来的产品。这时候有一部分设计师设计出来的产品只是现有产品的改良版，而有的设计师则是颠覆性地创造出新的产品。造成这种差异的原因就是前者只看见了"物"，而后者看见了"物"背后的本源，也就是"物"产生的最根本的原因——造物为用的本源。就像设计洗衣机，有的设计师只会对洗衣机进行改良，而有的设计师会想到洗衣机最根本的目的其实是洗干净衣物。当将目的放到洗干净衣物上的时候，洗衣机就立刻成为一个有着无数缺点与麻烦的机器。而当看到了这些缺点和麻烦，创意就开始了。亨利·福特说过"每一样物品都有一个故事"，因此设计师们设计的每一个产品也都应该有着一个令用户们为之心动的小故事。设计，看起来是在造物，其实是在叙事，在抒情，也在讲理。❶ 寻根即寻找事之理，情之缘。寻根性原则指导设计师按事物形成的机理解构产品符号系统，寻找最基本的符码。

3. 功能与形式的双赢原则

功能与形式 ❷ 是产品设计中两个极其关键的元素，而它们之间的主次之分也一直是设计师们探讨的热门话题。包豪斯设计学院现代主义大师格罗佩斯认为，形式必须服从于功能，因为对于任何产品来说，功能都是其最基本和最重要的价值。形式有着自身的完整性，它影响着产品的语义表达，是消费者选择产品最直接的感官元素。其实无论谁主谁次，并不需要一个确切的规定。因为无论是功能还是形式，其实都可以在设计师正确的思维下达到一种平衡，从而实现双赢的局面。因此，辩证地看待功能与形式的主次问题才是最正确的解决方式。

其实对于一个产品来说，形式不必完全服从于功能，而功能也不需要完全追随于形式，在不同产品的设计中，"因地制宜"才是最实际和有效的。❸ 有些产品确实需要"功能至上"的设计理念，例如机械、工具类产品；而另一些产品则必须考虑"形式优先"，比如首饰、装饰

❶柳冠中.事理学方法论 [M].上海：上海人民美术出版社，2019：150.
❷前文提过，英语语境下，功能特指实用功能，形式是带有精神功能的产品形态。
❸威廉·立德威尔，克里蒂娜·霍顿，吉尔·巴特勒.设计的法则 [M].李婵，译.沈阳：辽宁科学技术出版社，2010：87.

画等；还有一些产品则是功能和形式都很重要，比如家具或是电子类产品。针对不同的产品，设计师需要有不同的思维模式和表现手法，让功能的客观性和形式的主观性融合、互补，最大化地完善产品这个本体，从而提高设计的成功率。功能与形式的双赢原则指导设计师明确产品图像符号的指令作用，在确保产品实用功能的基础上，遵循产品象征符号的演变规律——语义学规范，预测其标识作用的路径与方法，指导后续产品符号系统的集成创新——产品形态的创新设计。

4. 合理定位原则

围绕产品本身的功能与形式，处理好有关符号意义的功能与形式关系之外，还需要考虑产品符号意义与外部因素，即产品所处的环境有着怎样的关系。这就是产品概念设计阶段语构学必须协同语用学作最终评判的合理定位原则。环境是指产品周围的情况和影响，既包括自然环境，又包括社会环境，尤其是市场环境。产品的环境包括其使用时间、使用地点、使用人群、现有条件、政治经济状况等。这些外部因素无时无刻不在影响着产品符号系统的信息传达，而它们也是产品符号能够被认可的非常重要的原因。当设计师的思维考虑到这一步的时候，他脑中对产品的概念就会完全成型，换句话说就是产品概念设计阶段的结束，因此被称为合理定位原则，因为产品概念设计的最终目的就是拥有一个正确的产品定位。正所谓"良好的开始是成功的一半"，只有合适地规划才能设计出成功的产品。合理定位原则运用语用学规范，分析产品现有符号系统与环境的关联，即产品符号在营销过程中与市场、使用过程中与用户的关系，修正产品符号的赋义以及产品符号与符号之间的关系，再按照语构学的规范合理规划产品符号系统整合的路径与方法，形成产品概念。

二、产品语义学设计原则

产品语义学设计原则针对产品系统设计中的产品造型设计阶段提出了七个原则。第一个也是逻辑性原则，这里强调的是发信人在将信息传达给收信人时，需要建立与收信人相一致的信文才能准确传达产品信息。其后，从功能可识别性原则、美学性原则、传承性原则到差异性原则，分别从"点"到"线"到"面"再到"体"的物体形成过程，来对产品的造型设计提出相应的要求。适时性原则是在三维的基础上加了第四维——时间，对产品造型设计阶段进行全方位的考量。最后的制造可行性原则是一个从思想回归现实的过程，是设计实体化的前提。

1. 语义学逻辑性原则

产品的语义表达须与使用者的认知经验及思维方式相符合。产品将设计师想表达的信文通过其自身形态传达给使用者。在传达的过程中，设计师与使用者在思维逻辑和认知上必须有一定的一致性，否则信文在传达时就会产生干扰，从而产生冲突。产品的各类使用群体之间所具备的各种性征、经验和知识都会作为理解因素反映到对产品的认知之中。设计师要抓住这种各群体之间的差异化认识，使设计的产品所传达的语义在其性征、经验与知识框架范围之内，并能与之产生情感上的共鸣。就像灶台上的开关表达的是旋转，键盘上的按键表达的是向下按，而塞住水池的塞子表达的则是往上拔。只有选择正确的表达，才能更好地让以使用者群体为主的收信人快速准确地接收到设计师这类发信人的信文，从而对产品有正确的认识和理解。

语义学逻辑性原则与前文的语构学逻辑性原则的目的是一致的，但是它们被用到的时间段不一样。语构学逻辑性原则强调产品在其概念生成阶段，通过设计调研（语义解构），寻找设计师与使用者现有符号贮备的一致性。语义学逻辑性原则是强调产品在其形态生成阶段，通过造型设计（语义重构），实现设计师与使用者一致的创新符号贮备。产品语义学逻辑性必须基于产品语构学逻辑性，即产品符号系统信文（语义）的形成必须基于产品概念设计阶段按产品语构学原则而形成的产品定位（产品概念）。

2. 功能可识别性原则

产品设计要求产品的功能和目的容易识别，无认知障碍。一个产品之所以存在，是因为它自身的功能。因此，功能和目的便是这个产品最重要的语义表达。理查德·萨伯在《1940—1980年意大利设计汇编》一书中介绍他的设计时说："我认为，设计者不需要为他的设计作什么解释，而应通过他的设计来表达设计的一切内涵。因此，我对我的设计没有什么可以再说明的了。"

产品想要正确地被使用者识别，就应使它的形式明确地表现出它的功能，避免使用者面对着一个产品茫然、不知所措。设计师可以通过产品的形状、色彩、材料、质感、文字（及图案）标识来传达产品的功能和目的，使用户更快、更准确地识别产品的用途。例如乐高玩具，凸面与凹面的呼应让人一目了然，即便是第一次接触这款产品的使用者也立刻有了将一块积木按到另一块积木上的冲动。如果你拿到一个产品发现自己完全不会用，那么你完全可以提出抗议，因为这就是产品设计的缺陷。

虽说产品的功能和目的应当不言而喻，但有的人会说产品隐藏其自身的功能其实也是一种趣味化的设计。趣味化设计有很多种设计方法，例如类比、反讽、隐喻、明喻等。其中，有一种产品会特意减少自身功能的明确表达，让使用者在被其外表吸引后却不知其实际功能时，对产品产生一种猎奇心理，让使用者对其产生浓厚的兴趣。其实，这种带有目的性的隐藏也是这类产品的功能之一，它的目的就是在满足人类的基本需求后，为使用者提供一种额外的惊喜，让人们觉得非常有趣。这种功能的隐藏仅仅是与"可识别"玩的"小游戏"，最终还是指向可识别的功能。因此，此类设计不但不与功能可识别性原则相冲突，反而更好地说明了，设计师需要将产品的目的完完整整地表达出来，即使这种目的只能讨得使用者一个会心的笑容。

随着产品向数字化多功能的迭代，人机交互变得越来越复杂，基于软件系统的 APP、小程序运用得越来越普遍，对产品功能与目的的识别过程已由二维、三维向四维发展。随着人工智能和虚拟现实技术的进步，产品功能识别由单纯的视觉感官向多维感官发展。语音识别、表情识别、姿态识别等成熟技术的应用，提升了人机交互的效率，也提高了人们对产品符号系统的认知。

3. 美学性原则

美丽的外表会让产品更受青睐。如果说功能可识别性原则是从产品语义表达的主次性来看的话，美学性原则就是从产品语义表达的整体性来看的。一个产品的外观有时可以决定一个产品的命运，因为无论这款产品是否拥有优异的性能，包裹着的美丽外壳也一定会为其带来更多的青睐。虽然当今的消费者不会盲目地将"美观"和"好用"画上等号，但人们更愿意容忍美观设计的缺陷，从而加深对此款产品正面和积极的态度。因此，美学性原则也是必不可少的。

想设计出美观的产品，最基本的方法就是让产品符合形式美法则。形式美法则主要有统一与变化、对比与调和、对称与平衡、比例与尺度、主从与重点、过渡与照应、稳定与轻巧、节奏与韵律、比拟与联想等。这些规律是人类在创造美的活动中不断地熟悉和掌握各种感性质料因素的特性，并对形式因素之间的联系进行抽象、概括而总结出来的。❶产品的造型、色彩和材质常给人以第一视觉的冲击，这就是产品形式美的魅力所在。

除了形式美法则，还有更多的基础美学类的方法供设计师使用，在让产品变得美观这个阶段，主要是设计师自身的设计习惯在发挥作用，但无论设计师如何设计，"美"一定是此阶段的最终目的。

4. 传承性原则

语义表达的延续性可增加人对产品的熟识度。皮尔斯认为，意指的过程存在固有的动态性，人类的生活也是一种旧符号不断产生新符号的过程。因此，当我们把产品看作符号时，新产品的出现也是建立在旧产品之上的。正如任何一种产品的发展模式都会是一幅循序渐进的树状图，在不同的时期都不会超出人们的认知范围。一个新产品的诞生不仅需要融合新的设计概念，同时也必须囊括已有产品所富有的熟识度。因为"固有的熟悉"能让使用者尽快地适应新的产品。比如，早期的汽车是沿用马车的形态，现在的新能源汽车沿用现行燃油汽车的形态。

---

❶ 陈炬，张鉴. 产品形态语意 [M]. 北京：北京理工大学出版社，2008：96.

设计的直接目的是为当今人类的生活和工作服务，而其潜在的效益则成为人类文化积淀的一部分，为后代人创造提供精神营养和借鉴。[1] 因此，从设计认知和接受的角度考虑，产品设计强调要与既有产品形成一定的语义传承。相同功能的产品在形式特征和表现方式上应彼此接近，才能保证使用者对产品拥有较高的辨识度。如果产品在引入新创意或者新形式的同时，使新旧产品之间造成过大的差别或与既有产品截然不同，就会使人产生认知混乱，进而影响使用者对产品的接受程度。因此，产品语义的表达要具有可理解性，避免产生认知上的冲突，并要与既有产品形成一定的语义延续性。

5. 差异性原则

差异是人们个性化消费最根本的原因。考虑完传承性原则后，就必须考虑差异性的问题。如果说传承是延续"相同"，那么差异强调的是"不同"，即关注设计的产品与其他产品的不同之处。人为什么会消费，人在消费什么？人们之所以会消费，其实就是在消费那些差异。用一定的代价换取一种"不同"，这种不同可以与过去相比也可以与同类相比。在确定需要设计什么产品后，设计师一定会回顾过去，去寻找那些原型。当看到过去的时候，是否会想做些什么、怎样做才能将自己的想法烙在产品上。设计师最大的难题就是设计是否起到了效果，带来了变化，而且是好的变化。没有人会喜欢千篇一律的东西，当产品的差异被人们认可，这就是设计的成功所在。

6. 适时性原则

好的产品也需要出现在一个合适的时间。每一个时代都有着不同的历史、经济、政治和文化，因此每个时代也都相对拥有各自不同的社会风俗、工艺技术或是时代潮流，从而产生特有的时代气息。产品则是一个可以把时代气息永久保存的事物。每一个产品都被它所在的时代烙下了其特有的印记。它们通过自身的形态、工艺、材料、装饰、色彩等方面完整地诠释了这个时代的潮流和时尚。因此，历史中才会出现那些非常成功且极富象征意义的产品，例如商代的青铜器、明代的家具、18 世纪的蒸汽火车、20 世纪占统治地位的黑胶唱片。

好的产品很多，千古扬名的却很少。好的产品除了要有好的功能和好的外形，还需要出现在一个适宜的时代。过于落后或是过于超前都会影响产品的成败。如果让现今人手必备的手机穿越到古代，估计那时的人们也只能拿其当板砖使。所以，产品具有时效性。只有符合时代潮流，才能给予产品健康的生命周期。

7. 制造可行性原则

可以被制造出来是对产品的现实性要求。如果说前面的原则都是在对设计理念进行提

---

❶陈炬，张銮，梁跃荣.产品形态语意设计——让产品说话 [M]. 北京：化学工业出版社，2014.

点，那么制造可行性原则就是一个从理想回归现实的过程。设计师形成构思方案后，需要通过现有科技手段使之成为实实在在的物体，这才是产品表达的最终环节。

日本著名设计师太刀川英辅说过："设计是应该能够被实现的，如果设计不可行，那就只是一个梦想。"设计师努力以新产品来改善人们的生活，前提是产品能够被制造出来。如果产品不能被制造，只能存在于图纸上或电脑中，那么这只能算一个想法。比如很多设计大赛泛滥的概念产品设计，并不是说概念设计不能有或是不重要，只是概念设计终究是一种概念，而这里是将产品实体化的语义学阶段，并不是所有概念都能走到这一步的，能被制造出来的产品设计方案一定是经过深思熟虑的。因此，制造可行性原则强调设计师设计出的产品无论有多么好的创意或是多么好的形态表达，都必须经过"制造可行性"的审核。只有可行了，产品设计才能被完整地表达，用户才能看到这种表达，并决定是否购买和使用该产品。

三、产品语用学设计原则

产品语用学设计原则是针对产品系统设计中的设计评价提出的设计原则。设计评价作为系统设计过程的环节（阶段），特指在投入生产之前对产品方案进行全面深入的最终评价，即审视产品营销、用户使用过程中符号语义传达的效果，期待进一步完善产品设计方案。在产品功能与形式基本语义传达的基础上，兼顾环境因素，提出安全性、人性化、可持续性、市场可行性四个原则。四个原则囊括了实用、经济、美观、安全、可持续、文化认知六个产品符号设计的目标。

1. 安全性原则

安全是对一个产品最基本的要求。安全虽然是对产品最基本的要求，但其实很多时候许多产品都无法做到。在当今的社会生活中，似乎经常出现产品因质量问题而伤害到使用者的事件。保证人的安全是产品与人最基本的关系，这一点是毋庸置疑的。产品样品的使用、可靠性和破坏性试验是必不可少的。只有达到行业各类安全标准的产品，才能进入市场。在使用过程中，若产品因设计原因出现安全事故，一切责任都由企业承担。产品安全性设计是企业技术投入的重要组成部分，尤其是日用品制造业。如图 2-23 所示的外销高压锅为达到各国安全标准，从材料工艺、功能结构到警示操作都做了必要的安全设计。

2. 人性化原则

将人性化的概念引入产品之中，对产品提出更高的要求。人性化指的是一种理念，具体体现在做到美观的同时，能根据消费者的生活习惯、操作习惯方便消费者，既能满足消费者的功能诉求，又能满足消费者的心理需求。将人性化的概念引入产品设计中，是人类对产品又有了更高层次的要求。这种高层次的要求涉及有关人的所有生理和心理需求，包括产品是否易

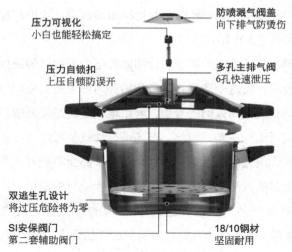

压力可视化
小白也能轻松搞定

防喷溅气阀盖
向下排气防烫伤

压力自锁扣
上压自锁防误开

多孔主排气阀
6孔快速泄压

双逃生孔设计
将过压危险将为零

SI安保阀门
第二套辅助阀门

18/10钢材
坚固耐用

图2-23　高压锅安全设计

用、人机分析是否到位、是否考虑人的精神需求、是否符合特定地域人群的民俗文化等。

在产品符号的沟通传达过程中，相对于不同的主体，产品可能被赋予不同的意义。作为产品的设计者，不同的设计师有不同的设计理念和思维；作为产品的使用者，人所具备的各种经验和知识都会作为理解因素反映到对产品的认识之中，诸如年龄、性别、教育程度、职业等都会造成个体心理结构的差异。这就需要设计者的信息传达必须建立在使用者习惯的基础上，根据使用者的生理和心理特征，以使用者在长期实践过程中所拥有的生存经验为基础，把握住使用者内心的价值取向，并且充分考虑地域、宗教、民俗、文化等方面所可能产生的冲突，让产品在满足人类基本需求的同时能触动使用者的心灵，与使用者形成情感上的共鸣。

3. 可持续性原则

这是指设计出的产品对环境和社会不造成过多负担。可持续性原则虽然看似提倡的是产品与环境的和谐关系，但实际也是产品与人的关系，因为保护环境是为了未来的人可以更好地生存。工业化的社会使得环境污染日益严重，大多产品在被废弃后都对环境产生了一定的负担。既然产品在人类的生活中是不可或缺的，那么它们就同样要担负起这种保护未来人类的责任。因此，在仔细斟酌产品功能和造型的同时，设计师也需要考虑产品的可持续性，利用绿色设计、生态设计等方法，减少产品在整个生命周期中对环境产生的影响，保护人类赖以生存的家园。

4. 市场可行性原则

产品设计的终极目的是产品能够进入市场且有较好的经济效益。产品必须达到相关行业规范（包括国家标准、法律法规等）要求的必要条件，才能进入市场。不能进入市场，何谈经济效益？因此，在设计过程中，设计师必须协同市场营销、知识产权、行政法规等多方面人才，确保产品最终顺利进入市场。

通常一件产品的诞生并不是因为某个设计团队觉得他们可以解决什么问题，而是因为企业根据市场信息决定投资开发这个产品。投资商需要用户来购买他们的产品，从而获得新的循环。产品是以商品的身份来到人们的身边，而市场就是商品交换顺利进行的条件，是商品流通领域一切商品交换活动的总和。因此，市场可行性就是考虑产品在成为商品后是否能很好地在市场中站稳脚跟。用通俗的话来说，就是这个产品会不会有人花钱购买、销售量高不高。好的产品才会有更多的人购买，必要的销售量才会让投资商得利。丰厚的利润才会促使投资商继续投资下一款新产品，让越来越多的好产品来到用户的身边，带来市场的良性循环，从而改善人们的生活。不能创造良好经济效益的产品设计，就不是成功的好设计。

03
Chapter

第三章

产品符号设计
程序与方法

第一节 产品语构学指导下的产品概念设计

一、产品设计调研——产品符号解码

结合产品概念设计六大调研，梳理产品符号系统构成，为后续的符号提取和编码做好准备，如表3-1所示。

表3-1 产品符号调研

序号	项目	调研内容	解码方式
1	市场现状	同类产品的功能、价值，明确产品符号的属性和类别	现实编码
2	行业规范	行业标准、法律法规等规范性要求	科学编码、现实编码
3	用户需求	用户基本特征，从浅层需求到潜在需求，需要生成的产品实用功能和精神功能	现实编码、艺术编码
4	产品技术	产品功能实现的技术要求，产品材料与工艺的现有技术、前沿技术、节能技术等	科学编码
5	人机环境	人体尺寸数据，"人 - 机 - 环境"的交互关系，特殊人群、特定场景的使用方式	科学编码、现实编码
6	造型规律	形态、色彩、材质等外观设计规律与趋势	艺术编码

1. 市场现状调研

市场调研对象是设计目标的同类产品或相似产品，收集产品功能、价值等信息，明确产品符号的属性和类别，是一种现实编码。其目的在于确立和凸显产品符号的经济价值和产品符号的市场语义。一般会采用竞品分析的方式，对比目标设计产品与同类产品的竞争优势，特别是产品品牌、实用功能、成本和价格等，为后续生产和销售创造优势（图3-1）。在市场营销人员的协同和审议下形成调研小结。

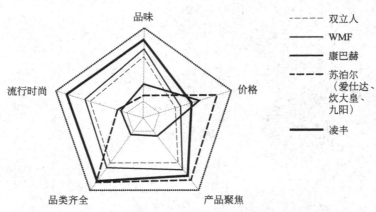

图3-1 国内外不锈钢制品企业竞品分析（不完全统计，仅供参考）

2. 行业规范调研

从产品设计到生产，再到流通、使用的各个环节都有相应的规范和要求，遵循行业标准、法律法规，是产品商品化的必要条件之一，也是产品的安全底线。在产品概念设计阶段，要对行业规范做到充分调研，以此作为设计方案的参照。对于行业规范的认知、解释，用户属于弱势的一方，作为产品符号的发信人（设计师）有必要严格按照规范要求设计，向用户传达准确的符号导向，保障用户的安全和权益。这一阶段收集的是科学编码和现实编码的依据。在市场、技术部门人员的协同和审议下形成调研小结。

3. 用户需求调研

用户需求决定购买行为。因此，满足用户需求、实现购买行为是产品开发设计、生产销售的终极目的。用户是产品符号的接收者，必须围绕用户需求展开调研，将其作为符号编码的依据和来源。然而，用户对产品的需求是一种感性且模糊的心理活动，特别是一些潜在的需求超出"言说"的范畴，只可"意会"，受艺术编码和科学编码的共同作用。运用语用学方法修正产品语义在使用中的逸出，寻找合理的现实编码。因此，设计师应当采用合适的评价方式和严谨的评价标准，给用户多做"选择题"和"判断题"，而不是开放式的"问答题"。

调研应力求客观反映用户的真实需求。除了直接调研用户，采取与用户面对面访谈、问卷调研这类传统方式之外，还必须通过用户行为观察、互联网大数据分析等手段间接分析用户的真实需求，降低用户主观意愿对客观需求的遮蔽和干扰（图3-2、图3-3）。采用主客观不同的路径与方法，全面深入地挖掘用户需求。问卷调查与大数据分析相结合，体验设计和情感化设计方法相融合，科学研判，合理定位，才能抓住用户痛点，设计出用户真正满意的产品。

设计师在处理用户需求调研时，要透过用户浅层的需求反馈，剖析内在需求动因和痛点，从而保证信文编码的针对性。在用户和市场营销人员的协同和审议下形成调研小结。

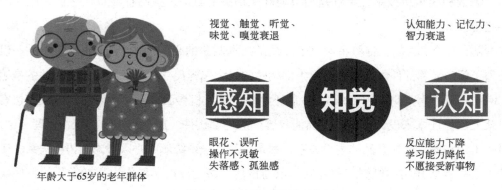

图3-2 电饭锅老年用户画像

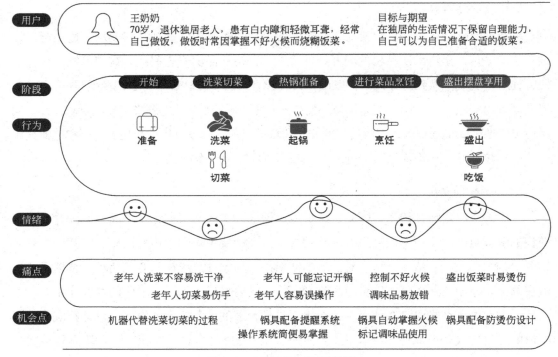

図 3-3　电饭锅老年用户旅程图

4. 产品技术调研

技术调研收集的是产品符号科学编码的依据。针对现有热销产品进行技术解构，从产品实用功能、原理、结构到材料与工艺进行详细分析，了解产品技术和加工技术。这是对现有产品技术语义的解构及创新，是产品技术语义构成创新设计（实用功能设计）的必然过程。整合设计、开源硬件设计就是技术集成创新的过程。作为产品功能实现的基础，生产制造、功能创新方面的进步和提升，会影响和改变原有的产品形态和类目，如移动电话在现代社会中的演变和几乎快消失的黑色家电。因此，设计师需要紧密关注技术发展，积极学习、掌握和应用新技术，特别是与节能环保相关的方面，提高社会责任意识，顺应时代发展趋势。

拆解（测绘）现有产品和深入生产一线是技术调研的必要手段（图 3-4 ~ 图 3-6）。设计师必须了解产品零部件的逻辑关系及内部构件的最大包容尺寸，确保图像符号传输的准确性（图 3-7）。不了解零部件的传动路线，就不清楚产品人机界面；不了解产品内部最大包容尺寸，就无法保证未来设计出来的产品能包容产品内部构件。用户需求、功能、原理、结构、材料、工艺和造型存在必然的逻辑关系，都是产品符号系统形成必须考虑的语构关系。工业设计师必须具备扎实的机械工程基础知识与技能，这是设计学科作为交叉学科的特性决定的。在技术部门人员的协同和审议下形成调研小结。

图 3-4 电压力锅拆解

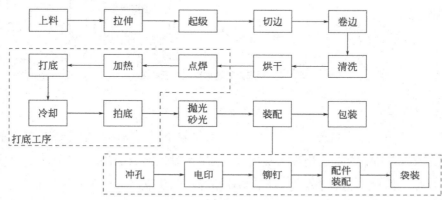

图 3-5 不锈钢制品生产工序

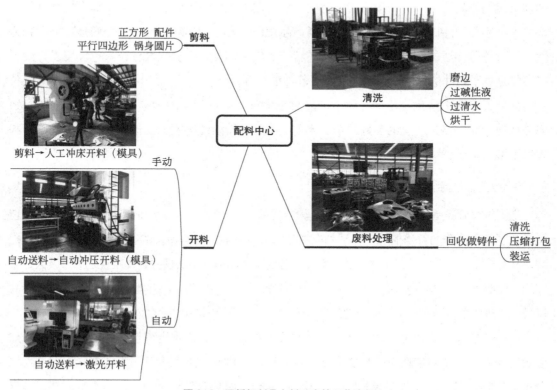

图 3-6 不锈钢制品上料工序的工艺流程

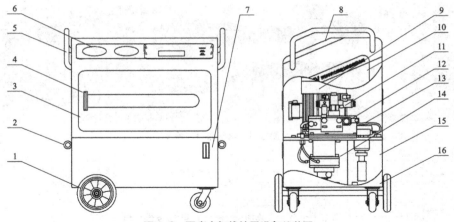

图 3-7　预应力智能扩展设备总装图

5. 人机环境调研

任何一个产品，都不是独立存在的个体，而是与用户、使用场景存在多重关系的关联体。良好的人机环境，有助于用户正确接收发信人（设计师）传达的符号信息。因此，在构建产品符号时，要考量产品与用户、产品与使用场景以及用户与使用场景之间的关系。特别是一些面向特殊人群、特定用户的产品设计，要能意识到用户群体的共性与差异，在甄别的基础上研究产品、用户、场景三者之间的关系。通过人机关系调研，一是了解人机交互的基本数据，避免产品出现人性化缺陷，提高产品使用的安全性和舒适性；二是增强产品的普适性，以及符号传达的针对性和有效性。随着产品向数字化、智能化发展，人机环境设计内容已不仅是基于硬件的界面设计，还有基于软件的交互设计。

另外，必须秉持生态伦理，评估产品整个生命周期对环境的影响，运用绿色设计方法，努力构建产品与自然环境的友好关系，实现人类的可持续性发展。在相关技术人员的协同和审议下形成调研小结。

6. 造型规律调研

造型规律调研是收集产品符号艺术编码的主要依据。产品符号系统在实现传达的过程中，造型承载了绝大部分的符号信息，特别是在视觉和触觉方面，既有显性的类型识别和功能使用提醒，又有丰富的情感联系和文化内涵。需要注意到，产品造型层次性强，受主观选择影响大，不同的个体对于同一产品符号的判断可能会存在差异。因此，由用户对造型符号的解码逆推出产品符号的编码依据，即掌握用户对造型的认识规律，寻找设计师与用户之间的"公约数"。

在一般的设计认知中，对色彩、材质的认知是固定的，通常会直接借鉴以往的经验，如色彩与情绪之间的对应联系。事实上，色彩、形态、材质等造型相关因素的内涵不但受地域分布的影响，在不同地区有着不同的诠释（图 3-8），而且会受到时间变化的影响，释义呈现周期性往复（这就是产品造型规律）。

图 3-8　同期在不同国家中标的机车造型方案

　　任何产品从设计到市场都有一定的周期，尤其是大型装备产品。如果不了解产品造型规律，无法预知产品面市时的流行趋势，那就很难保证未来产品进入市场能够受到用户的认可。因此，设计师必须把握产品语义动态变化的规律，预知未来时间点用户真实的喜好。在收集和整理造型规律这部分编码依据时，使用的方法有：通过树形图分析元素变化规律推理流行趋势（图 3-9）；通过量化图表（语义差分法等）对比不同感性意向侧重（图 3-10）。在市场营销人员的协同和审议下形成调研小结。

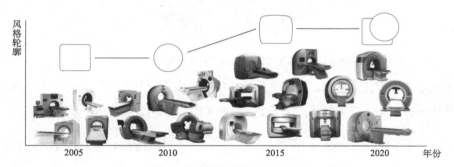

图 3-9　肿瘤热疗仪造型演变树形图

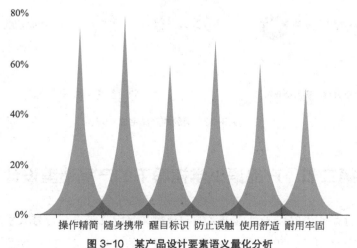

图 3-10　某产品设计要素语义量化分析

二、产品设计定位——产品符号赋义

在上一小节中，围绕产品构成要素展开了多方面调研，收集产品符号科学编码、艺术编码以及现实编码的依据，如图 3-11 所示。在产品符号定位形成过程中，按照产品语构学设计原则，对这些符号要素进行排列和整合。需要注意的是，这些符号要素已经经过细致的区分，是形成产品定位必须考量的因素，不可以在此基础上再作删减，否则会影响到符号编码规则的合理性和有效性。可以说，产品定位决定了方案设计方向和产品符号传达的效果。

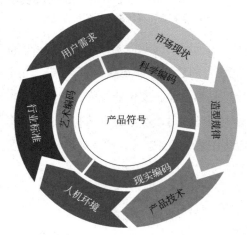

图 3-11　产品符号提取与定位

在企业市场、设计、技术、品牌、生产等相关部门人员及用户代表的审议下形成产品定位，图文要一目了然、言简意赅，便于大家快速掌握（图 3-12）。

图 3-12　简约的产品定位

第二节　产品语义学指导下的产品造型设计

产品概念设计是对产品符号系统语义的宏观赋义，以及符号与符号关系制约下的产品语义规划设计。产品造型设计则是对产品符号系统语义的微观赋义，即产品语义学指导下的产品语义成型设计。产品造型设计是产品符号编码和实体化的过程。设计师将需要传达的信息转化为符号 - 产品形式，实现符号意义的传达。该阶段涉及较多的艺术编码，受设计水平和团队配合的影响较大，是产生歧义型噪声最多的环节。依据产品语义学设计原则，合理选择各设计环节纵向聚合的方案，遵循符号横向聚合方式有条不紊地展开设计流程，不断完善产品语义的表达形式。

一、产品方案设计

产品方案设计是对产品符号系统各子系统既定语义的再细化、再深入和再集成，包括设计定位（语义列举）、方案构思（语义渗入）、选定方案（语义完善）。

1. 设计定位

根据产品定位对产品符号系统语义的宏观赋义，应用思维导图、头脑风暴等方法，进行产品语义列举。通过设计团队综合分析，筛选语义，形成设计定位，明确设计方向（图 3-13、图 3-14）。

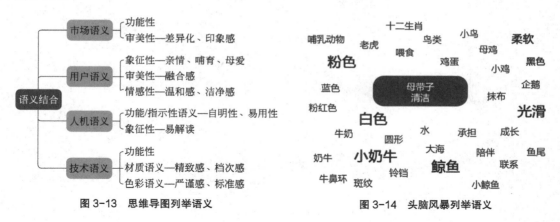

图 3-13　思维导图列举语义　　　　　图 3-14　头脑风暴列举语义

2. 方案构思

方案构思是突破产品的功能结构、材料工艺、人机关系、价格等因素的制约，按照产品语义学和产品语构学的规则，对产品的最终形态进行艺术编码，将产品形态化、真实化。方案构思采用"三三三"模式推进法，不断推进方案。为保证设计工作时间的有效性，方案的构思按照一期方案、二期方案、三期方案三个渐进阶段进行推进。根据设计进程的不同，各阶段草图的展现内容、完成程度也不同。方案在层层推进中，语义不断丰富、修正和完善。此阶段的表现方式是手绘草图，手绘产品草图可以直接有效地记录下设计人员的思维活动，是设计师灵感迸发和推进方案进化最快速的表达。[1] 方案构思是尽显设计师创造性的过程，

---

❶张源芮.机电产品的色彩设计——以数控机床为例 [J].艺术品鉴，2015（3）: 85.

各期方案评审主要以设计师团队为主，尽量不要受到领导意思和强势部门（市场部或技术部）的干扰，确保设计师创意的独立性。过分强调以市场为导向、以品牌为核心，往往会影响设计师的创造力，使之陷入官僚、市侩的旋涡中。

（1）一期方案。一期方案是基于设计定位确定的产品语义对产品进行的初步设计。为防止在设计过程中由于方案细化、语义收缩导致的目标语义丢失，通过增加信息冗余的方法提供更多的设计思路，使方案更加多样化。大家都说工业设计师是戴着镣铐跳舞的艺术家，此刻就松松镣铐，让他（她）表现得更出彩。此阶段，不必对产品符号表达形式作过多限制（甚至符号表达的语义），尽可能多地构思方案。一期方案草图以产品形态整体的意象造型构思为主，一般不考虑色彩、肌理、光泽等造型元素（图3-15）。最终，主要按产品定位和设计定位预设的产品象征性语义，在大量的草图中选择合适的方案。

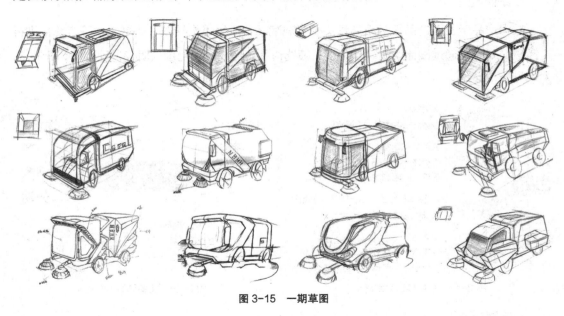

图 3-15　一期草图

（2）二期方案。二期方案构思是对一期选定方案的深入演绎，是不断丰富产品语义的过程。此阶段，一方面继续完善一期既定的产品整体形态，另一方面展开产品细节设计。二期方案草图以产品形态局部造型构思（细节设计）为主，考虑产品功能布局、人机界面、色彩、肌理、光泽等造型元素（图3-16）。最终，主要按产品定位和设计定位预设的产品功能性语义，在大量的分类草图中分别选择合适的方案。

（3）三期方案。三期方案构思是对二期选定方案的再深入和修正，是进一步明确完整产品语义的过程。三期草图阶段物化二期草图的具体设计元素，并更多地从可生产性的理性思维考虑产品造型对功能、结构、生产工艺等设计元素的包容性和合理性（图3-17）。产品的比例与尺度是草图表现必须关注的核心内容，尤其是方案的内部最小包容尺寸必须大于等于技术调研阶段了解的产品内部最大包容尺寸。相对于前期草图的手绘表现，如果工期紧张，三期草图也可以通过计算机三维软件的辅助，更进一步地表达产品的形式，完善产品细节。最终，按产品定位和设计定位预设的产品语义，运用语义差分法，在不同类型的草图中筛选最终方案。

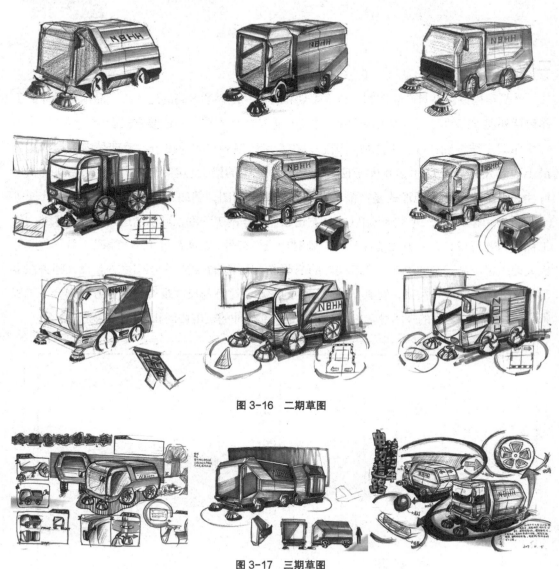

图 3-16　二期草图

图 3-17　三期草图

3. 选定方案

对设计团队选定的设计方案进一步完善产品细节，以较为直观的方式接受企业项目组的综合评估。为节省时间，可以快速制作草模型或三维效果图来展示方案（图 3-18）。根据评估意见完善设计方案，进入后续工作，或重新提交方案。

图 3-18　最终选定方案展示

二、产品结构设计

　　产品结构设计是对产品形态的科学规划和验证，是科学编码的过程。产品结构设计的工作包括外观零部件的尺寸和比例设计、零部件连接的技术路线和连接方式设计、零部件布局方式和固定结构设计等。考虑成本因素，在满足造型要求的前提下，新产品内部结构追求最小包容尺寸。此尺寸必须大于现有产品内部结构的最大包容尺寸，确保产品制造的可行性。结构设计的表现形式是产品的外部和内部结构图，例如三视图、总装图、爆炸图等（图 3-19～图 3-21）。设计师运用 CAM 制造软件制作的工程图，可以通过内网与技术部门的工程师们并行设计，一方面能保证设计师对功能性符号（图像符号）科学编码，另一方面能极大地缩短产品开发的周期。两者关注的侧重点和表现的方式各有不同之处。设计师关注零部件之间的空间逻辑关系，尤其是外观部件的形态、比例与尺寸是否与造型方案吻合。工程师们关注零部件之间的技术逻辑关系，尤其是内部构件的机电协同和尺寸的公差配合。

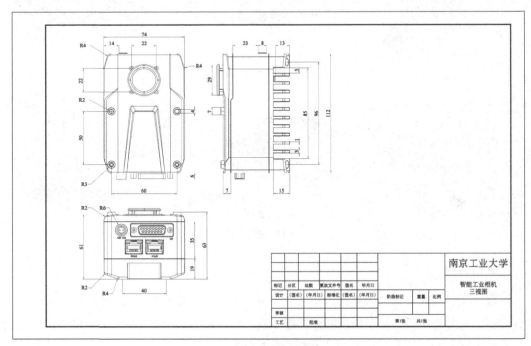

图 3-19　产品三视图

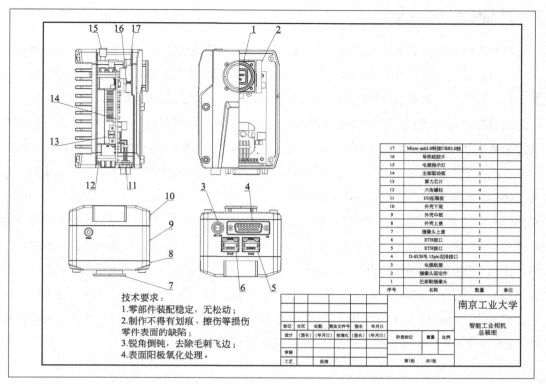

技术要求：
1.零部件装配稳定，无松动；
2.制作不得有划痕、擦伤等损伤零件表面的缺陷；
3.锐角倒钝，去除毛刺飞边；
4.表面阳极氧化处理。

17	Micro usb3.0转接USB3.0线	1	
16	导热硅胶片	1	
15	电源指示灯	1	
14	主板驱动板	1	
13	算力芯片	1	
12	六角螺柱	4	
11	I/O拓展板	1	
10	外壳下底	1	
9	外壳中框	1	
8	外壳上盖	1	
7	摄像头上盖	1	
6	ETH接口	2	
5	ETH接口	2	
4	D-SUB电 15pin双排接口	1	
3	电源航插	1	
2	摄像头固定件	1	
1	巴斯勒摄像头	1	
序号	名称	数量	备注

南京工业大学

智能工业相机
总装图

图 3-20 产品总装图

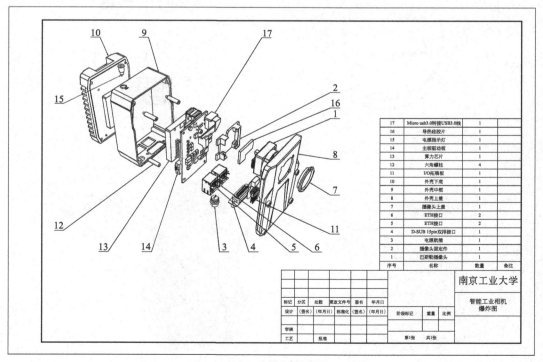

17	Micro usb3.0转接USB3.0线	1	
16	导热硅胶片	1	
15	电源指示灯	1	
14	主板驱动板	1	
13	算力芯片	1	
12	六角螺柱	4	
11	I/O拓展板	1	
10	外壳下底	1	
9	外壳中框	1	
8	外壳上盖	1	
7	摄像头上盖	1	
6	ETH接口	2	
5	ETH接口	2	
4	D-SUB 15pin双排接口	1	
3	电源航插	1	
2	摄像头固定件	1	
1	巴斯勒摄像头	1	
序号	名称	数量	备注

南京工业大学

智能工业相机
爆炸图

图 3-21 产品爆炸图

三、产品色彩与标识设计

在产品结构设计数字建模的基础上，色彩与标识设计是对产品色彩进行设计、对相关标识尺寸及摆放位置进行界定的过程（图 3-22、图 3-23）。色彩是产品形态造型的重要内容，是吸引用户的第一感知要素。产品色彩受流行时尚的影响和企业标识（CIS）的制约。一般产品由标志色和主体色组成，大型产品往往由标志色、主体色和基调色（背景色）组成。色彩设计主要是主体色的选定和基调色的配置。这一环节常常会根据用户的要求进行定制，例如很多人在购买汽车时常常会定制自己喜欢的色彩。产品标识由企业标志 Logo、产品品名、型号、铭牌、警示标记、导视标记等标识符号组成。虽然企业标志使用必须遵守企业 CIS 规范，功能性标识使用必须遵守行业规范（国家标准等），但是所有标识的位置却是需要设计师深思熟虑的，有时标识位置不当会成为产品造型的一大败笔，极大地影响产品象征语义的传达效果。比如，我们购买的家用电器表面往往会贴一大堆标识，与产品整体造型格格不入；汽车设计师对车标、车牌等标识的设计就非常成功。另外，有些产品的购买者是企事业单位，面对使用者同样渴望传播自己的形象。这类产品往往是通过招标定制的，设计师必须把购买者的 Logo 摆在显眼的位置，把生产商的 Logo 摆在次要的位置。

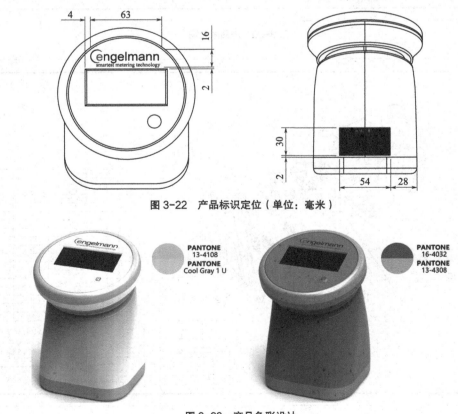

图 3-22　产品标识定位（单位：毫米）

图 3-23　产品色彩设计

四、产品人机环境设计

产品人机环境设计是运用人机工程学、生态学、伦理学、社会学等学科的规范，针对产品方案人机界面及使用环境进行深入设计和科学论证的过程。此工作环节，产品内系统与外系统必须广泛接触，必须遵循产品语用学设计原则。通过对产品使用的认知途径、操作方式和使用环境的规范设计，使之安全可靠、易用舒适、绿色环保，使产品符号形式表现出更加科学人性的语义。这些是产品人机环境设计直接面对的主要工作内容（图 3-24）。基于数字技术的智能化人机交互设计、基于社会学的网络化服务设计和基于生态学的包容性可持续设计，现已成为此环节的重要工作内容。伦理学与社会学交叉的社会伦理学，纳入社会学研究范畴；伦理学与生态学交叉的生态伦理学，纳入生态学研究范畴。智能化人机交互设计、网络化服务设计和包容性可持续设计因专业性较强，此书不作赘述。具体工作中如果需要，可以增加相应的工作内容。

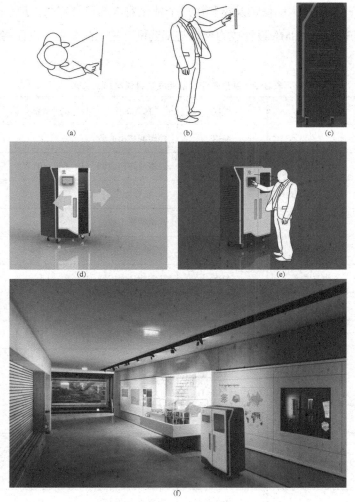

图 3-24　产品人机环境设计

五、产品材料与工艺设计

产品材料与工艺设计是在确定产品外观和内部结构的基础上，合理选择材料与加工工艺等的过程。这一环节既要注重对材料与工艺的科学运用，保证产品实用功能的实现；又要考虑材料与工艺呈现的感性效果，保证产品符号象征功能（精神功能）的实现。材料具有不同的物理、化学、加工特性和质感体验。材料的力学性能（抗压、抗拉、抗剪、疲劳等强度）和耐候性直接影响产品构件的寿命。材料的电学性能和导热性能直接影响产品的安全使用。材料的质感和加工纹理直接影响产品外观的美学感受。材料的价格和加工成本直接影响产品的盈利性。作为工业设计师，应当充分了解材料与工艺的这些特性，合理选取符合产品语义需求的材料和加工工艺，保持科学编码的一贯性，必须与结构设计总装图的产品零部件目录保持一致。产品材料与工艺设计包括成型材料与工艺设计、表面材料与工艺设计（表 3-2、表 3-3）。随着材料科学与技术的快速发展和用户个性化需求的日益增长，产品表面材料与工艺可选择的范围越来越大，**CMF** 设计成为材料与工艺设计的主流。色彩设计将逐渐纳入产品表面材料与工艺设计。

表 3-2　肿瘤热疗仪部件成型材料与加工工艺

序号	名称	材料	加工工艺	数量	单位
1	前壳	ABS	注塑或挤出成型	1	组
2	按钮	PC	注塑或挤出成型	10	组
3	机箱结构架	钣金	钣金加工	1	组
4	造型壳	ABS	注塑或挤出成型	4	组
5	滑动装置	钣金	钣金加工	1	组
6	微波热源	ABS	注塑或挤出成型	4	组
7	声筒	PC	注塑或挤出成型	2	组
8	LED 显示屏	外协件	—	1	组
9	后壳	ABS	注塑或挤出成型	1	组
10	床体结构架	钣金	钣金加工	1	组
11	海绵床垫	外协件	—	1	组
12	中部壳	ABS	注塑或挤出成型	1	组
13	辐射器	PC	注塑或挤出成型	1	组
14	床板	PC	注塑或挤出成型	1	组

表 3-3　肿瘤热疗仪外观部件表面材料与加工工艺

序号	名称	表面加工工艺	数量	单位
1	前壳表面	打磨、抛光	1	组
2	按钮表面	磨砂	10	组
3	造型壳表面	打磨、抛光	1	组
4	后壳表面	打磨、抛光	1	组
5	中部壳表面	打磨、抛光	1	组
6	辐射器表面	磨砂	1	组
7	声筒表面	打磨、抛光	2	组

六、产品原型（样机）制作

产品原型（样机）制作是将产品符号实体化的过程。一方面，可以通过样机进行必要的功能测试（实用性、安全性、舒适性等），对产品符号编码做最终的验证和完善，如图 3-25 所示；另一方面，可以为设计评价提供完整真实的产品符号系统。当然，有些非常巨大的产品完全不可能进行原型（样机）制作，只能通过等比例实物仿真模型或数字虚拟仿真模型来验证产品符号系统的语义表达效果，如图 3-26、图 3-27 所示。

图 3-25　产品（奶锅）样机

图 3-26　产品等比例实物仿真模型

图 3-27　产品数字虚拟仿真模型

第三节　产品语用学指导下的产品设计评价

产品概念设计阶段，生产方产品开发项目组按产品语构学设计原则解构重组了产品符号系统的语义。产品造型设计阶段，生产方设计团队按产品语义学设计原则使产品概念可视化，形成产品符号的"表达"（形式）。产品设计评价阶段则重点按产品语用学设计原则对产品设计方案进行全面系统的评价，以检验设计方案是否满足用户的使用需求、是否达到设计师的设计目标、是否符合生产方的项目要求。结合设计评价对设计方案的综合反馈，不断修正方案，以达到产品符号设计的最优化。

一、产品设计评价的内容

评价内容的完整性和针对性直接影响评价结果的准确性。产品设计须达到实用、经济、美观、安全、可持续、文化认知六个语义目标。所有设计工作都是为了这六个设计目标。因此，设计评价须从这六个目标所覆盖的具体内容展开。根据六个目标内容的评价结果，按其所对应的产品设计要素，对产品方案的具体符号进行修改完善，如表 3-4 所示。

表 3-4　产品设计评价的内容及其对应的设计要素

序号	设计目标（维度）	评价内容	设计要素
1	实用性	产品功能的整合与设置，对用户使用需求的回应，操作的难易程度	实用功能 人机工程
2	经济性	产品入市的规范；设计、生产中的成本控制，流通、使用中的成本叠加；用户经济承受能力	行业规范 产品成本
3	美观性	产品应当符合用户的审美需求，为用户带来愉悦的感觉	产品造型
4	安全性	产品安全可靠，在流通、使用过程中能够保障用户人身安全，无伤害产生	人机工程
5	可持续性	产品功能的可升级、可持续使用，材料耐用、可回收，对环境影响小	材料工艺 人机环境
6	文化认知性	尊重用户的文化背景；适应产品文化推广，提升用户品牌认同感	产品造型

二、产品设计评价的方法

1. 评价指标

评价指标即评价内容的达成度。理论上，根据以上评价内容制定相应的达成度即可形成评价指标。但是，由于产品符号系统构成是复杂多样的，不同类型产品的语义表现和侧重点存在巨大的差异性，不能用单一恒定的指标来简单衡量。因此，不同的产品必须有相应的指标体系来评价。在设计评价指标体系时，应坚持全面系统、科学合理、简易高效的原则，界定评价内容，明确指标权重，选择评价方法，避免评价指标的主观性和片面性而导致评价结果的不准确。

2. 评价方法

目前国内外提出的设计评价方法大致可分为三个大类：公式类、实验类和综合类（表3-5）。由于产品设计是科学技术、文化艺术和市场经济的集成创新，单纯地使用某一种方法，往往会出现导出结果的偏颇。在产品系统工程中，实验类因针对性强、成本高、用时长而单独使用，比如设计过程中的草模型验证、仿真模型验证、样机测试、样品试用等。设计方案综合评价，一般使用公式类和综合类。为快速全面科学地评价设计成果，使用公式类方法时会兼顾用户感受，对产品美学特征进行分析；使用综合类方法时会兼顾企业需求，对产品技术、加工工艺、成本、市场等因素进行分析。

表3-5 设计评价方法分析

方法类型	名称	特征	适用范围	存在问题
公式类	经济、技术评价法	公式类的评价方法有评价的标准，其中有数值产生，使评定过程更为客观，是量化的过程	技术、工艺、成本，常用于企业产品生产后期的检测	并没有考虑到感性因素
	评分法			
	模糊评价法			
	层次分析法			
实验类	技术试验评价法	实验类的评价方法具有实效性，针对不同的产品可能对试验方式有相应的调整	产品的定量、定性因素	操作的成本过高，在企业中开发大型项目常会使用
	试用评价法			
	功能实验评价法			
	市场实验评价法			
综合类	NGT评价法	综合类的评价方法主要考虑到用户的主观感受和情感诉求进行综合考量	美学特征、抽象表达以及符号价值等抽象概念	由于综合类的评价方法的评价往往来自感性面，造成评价结果不稳定
	德尔菲评价法			
	SD分析法			
	不定性评价法			

为避免主观因素的过多影响，通常会引入定量分析来进一步比较评价指标之间的关联。可操作性较强的方法有：SD法、QFD法（质量屋）和模糊综合评价法。[1] 每种方法又可以分为个案分析和对比分析。个案分析即针对最终唯一的设计方案进行分析，对评价指标体系的科学性和合理性要求很高。个案分析效率高，但评价结果没有可比性，可信度不强。对比分析即针对不同的设计方案或设计方案与竞品分别进行测试，对比测试结果，分析设计方案的优劣。对比分析工作量大，评价结果有明显的可比性，可信度较强。

以下围绕医疗检测平台设计为例，分别介绍三种方法。评价方法本身不存在优劣之分，

---

[1] 张毅，阳柠妃. 感性工学与情感化设计的设计方法比较研究 [J]. 南京艺术学院学报（美术与设计），2017（5）：178-181.

只因评价维度和体系不同而效果各异，可以根据评价对象的实际需求了解三种评价方法的合理性。

（1）SD法。SD法，又称语义差异法、语义学解析法、双极形容词分析法。它作为心理学的一种研究方法诞生于1957年，发明者是美国的心理学家奥斯古德，其全称是Semantic Differential法。该方法运用语义学中的言语尺度来评价，通过对量尺的研判定量地描述研究对象。评价过程的重点在于语义差异量表的设计，其主要包括评价指标与量尺，评价指标通常由一系列的形容词与其反义词组成，量尺一般有5～7个等级。受测者根据自身感情与心理感受，对所给的指标进行量尺评级。统计者根据得到的数据进行统计，通过可视化输出结果，在兼顾量尺的前提下分析受测者的意图与受测对象的含义价值。该分析法共有七个步骤，包括收集正反义形容词、确定评价量尺、绘制调查问卷、制作被测方案、选定评价者、测试问卷、分析数据。

① 制作调查问卷，是针对委托企业现有数字病理诊断设备和创新设计方案的外形、人机、色彩、材料与加工工艺等方面，设定正反义形容词和评价量尺，制定调查问卷（表3-6）。问卷一式两份，问卷A为企业委托设计设备的原有方案，问卷B为进行设计研究后的新方案（图3-28）。受访者根据提供的图片素材对设备进行打分。

表3-6 设计评价项目表

评价指标	评价项目	评价量尺
外观视觉效果	简约性	简约的 5□ 4□ 3□ 2□ 1□ 复杂的
	先进性	先进的 5□ 4□ 3□ 2□ 1□ 落后的
	精致感	精致的 5□ 4□ 3□ 2□ 1□ 简陋的
	优雅感	优雅的 5□ 4□ 3□ 2□ 1□ 尖锐的
	新颖性	新颖的 5□ 4□ 3□ 2□ 1□ 平庸的
色彩	融洽性	融洽的 5□ 4□ 3□ 2□ 1□ 突兀的
	明快性	明快的 5□ 4□ 3□ 2□ 1□ 阴暗的
	丰富性	丰富的 5□ 4□ 3□ 2□ 1□ 单调的
	柔和性	柔和的 5□ 4□ 3□ 2□ 1□ 冰冷的
使用舒适度	安全性	安全的 5□ 4□ 3□ 2□ 1□ 危险的
	便捷性	便捷的 5□ 4□ 3□ 2□ 1□ 难用的
	材料质感	舒适的 5□ 4□ 3□ 2□ 1□ 粗糙的
	易于学习性	容易学习的 5□ 4□ 3□ 2□ 1□ 复杂困难的
情感诉求	和谐感	和谐的 5□ 4□ 3□ 2□ 1□ 杂乱的
	整体感	整体的 5□ 4□ 3□ 2□ 1□ 散乱的
	亲切感	亲切的 5□ 4□ 3□ 2□ 1□ 陌生的
	喜爱感	喜爱的 5□ 4□ 3□ 2□ 1□ 讨厌的

现有设备(问卷A组对象)　　　　　　设计方案(问卷B组对象)

图 3-28　测评对象

② 问卷统计分析，调查问卷的发放人群为设备的操作者、采购商、专业设计师和工程师。A 组和 B 组分别发放了 50 份调查问卷，整理出通过 SD 分析法调研得到的数据并进行对比，可以更直观地对结果进行分析。如图 3-29 ～图 3-33 所示。

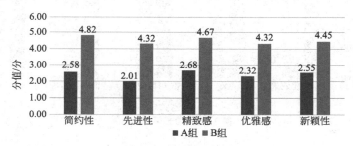

图 3-29　外观视觉效果

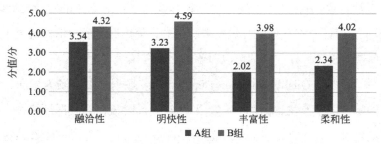

图 3-30　色彩

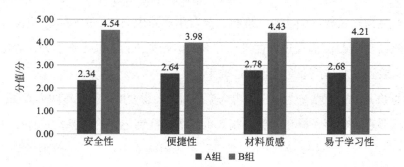

图 3-31　使用舒适度

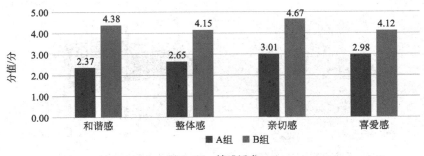

图 3-32　情感诉求

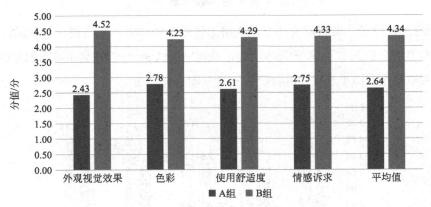

图 3-33　设计评价总结

根据以上各评价指标的柱形图对比和设计评价总结可以看出，基于产品符号学的数字病理诊断设备新设计方案（B 组）各项的平均分数都要高于企业原本的设计方案（A 组）。通过 SD 分析法证明了新设计方案在外观视觉效果、色彩、使用舒适度、情感诉求上得到了用户的认可，达到了预期的设计目标，后续可以对不足之处继续进行完善。

（2）QFD 法。QFD（Quality Function Deployment）是一种以市场为导向、以顾客需求为依据的质量功能配置图示方法，俗称"质量屋"。在设计阶段，它可保证将顾客的要求准确无误地转换成产品定义；在生产准备阶段，它可以保证将反映顾客要求的产品定义准确无误地转换为产品制造工艺过程；在生产加工阶段，它可以保证制造出的产品完全满足顾客的需求。综合用户对产品需求重要度的体现、现有产品对用户需求的解决措施，以及设计方案给出的技术措施，建立"质量屋"。通过评估设计方案的市场竞争力、技术竞争力，验证设计方法的有效性，也间接验证产品符号的实际传达效果。

① 评价标准建立，主要分为用户、市场竞品对比、重要度、相关度四个方面，具体如下。

用户：从形态、色彩、材料、功能和人机五个维度制定评价指标，并且在每个维度指标下细化分项标准，制成表格，如表 3-7 所示。评分标准为 1 ~ 5 分，刻度值为 1，数值越大表示需求度越高。指标设定完成后交由用户填写，受测者应尽可能作出客观评价。

表 3-7　用户需求评价指标

评价指标	分项标准	用户评价 / 分	排序
形态	整体性	4.57	4
	富有科技感	4.66	1
	简洁大方	4.45	9
	精致复杂	4.16	15
色彩	温暖	3.55	20
	明快	3.92	19
	纯洁	4.45	8
	安静	4.10	17
材料	材质稳定	4.22	12
	触觉感受好	4.51	5
	卫生环保	4.49	7
	易于打理	4.36	10
功能	位置可移动	4.50	6
	显示屏可调节	4.19	14
	大屏幕显示	4.13	16
	触摸控制	4.01	18
人机	与使用场景匹配	4.60	2
	易于识别	4.20	13
	便于操作	4.58	3
	尺度合理	4.33	11

　　将获取的 20 组数据进行汇总和整理，分别计算出每项指标的平均得分，并对各个指标进行排序。可以看出，在本次测评中"整体性""富有科技感""触觉感受好""位置可移动""与使用场景匹配""便于操作"这六项指标得分在 4.5 分以上（含 4.5 分）。显然，对于用户而言，这些指标所对应的需求是更为重要的，在后续符号定位中要着重考量。

　　市场竞品对比：选取当前市场上三件主要的竞争产品以及设计方案（图 3-34）。

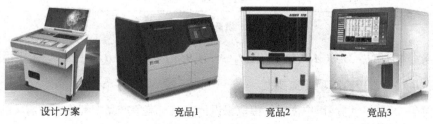

设计方案　　　　　竞品1　　　　　竞品2　　　　　竞品3
图 3-34　方案与竞品

　　重要度：根据前期的产品调研，明确用户需求并划分需求层级。重要度由被测用户对各项需求进行定量评分，赋值 1 ~ 5 分，数值越大表示重要性越高。结果换算为百分数。

相关度：表示设计措施与用户实际需求之间的关联程度，用符号"●""○""△"表示相关性的强弱。

② 综合评价与分析，以"富有科技感""与使用场景匹配""便于操作""整体性""触觉感受好""位置可移动"等不同层面的用户需求作为评价标准。围绕产品给出的解决方案和技术措施建立"质量屋"，如图 3-35 所示。

● 强相关
○ 相关
△ 弱相关

用户需求A	重要度B	壳体材料	装载方式	弯角设计	操作方式	灵活性	面板舒适度	设计方案	竞品1	竞品2	竞品3
富有科技感	18	○	△		○		○	2.8	3.1	2.9	3.5
场景适配	12					△	△	3.2	3.1	3.4	3.6
便于操作	23		○		●	○		3.6	3.8	3.7	3.4
整体性强	16	●		○				4.4	4.5	3.8	3.9
触觉感受好	17	○		△			●	3.8	3.3	3.2	3.4
位置可移动	14					●		4.1	3.5	3.9	4.2

竞争能力指数M

		塑料壳体	开合机身	曲面过渡	触控操作	可固定滚轮	倾斜式面板	
技术措施重要度D		15	23	13	17	18	14	技术竞争能力指数N
技术竞争能力C	设计方案	4.2	3.9	3.8	2.5	3.9	4.6	
	竞品1	4.5	4.1	3.7	3.6	3.8	4.2	
	竞品2	4.6	4.2	4.1	3.7	3.8	3.4	
	竞品3	4.3	3.8	4.2	3.4	3.7	3.5	

图 3-35 质量屋竞争力评估

市场竞争力评估：$M=(A_1B_1+A_2B_2+A_3B_3+\cdots+A_nB_n)/(B_1+B_2+\cdots+B_n)$。$A$ 代指用户需求项的分值，B 代指用户需求项的重要度。

技术竞争力评估：围绕用户需求，提取出设计方案与竞争产品中解决用户需求的方式，对每一评分项分级赋值，交由用户测评。$N=(C_1D_1+C_2D_2+C_3D_3+\cdots+C_nD_n)/(D_1+D_2+\cdots+D_n)$。$C$ 代指技术方式项的评分，D 代指技术方式项的重要度。计算设计方案和竞品 1、竞品 2、竞品 3 技术竞争力指数与市场竞争力指数的整理结果见表 3-8。

表 3-8　产品竞争力对比

对比项	设计方案	竞品 1	竞品 2	竞品 3
市场竞争力指数	3.64	3.575	3.479	3.634
市场竞争力排名	1	3	4	2
技术竞争力指数	3.792	3.983	3.978	3.799
技术竞争力排名	4	1	2	3

通过计算比较，设计方案的市场竞争力排名第一，表现略高于这三个同类竞争产品。只能说是达到了用户的基本使用需求，但与解决用户实际痛点尚有距离。设计方案的技术竞争力排名第四，表现略低于三个同类竞争产品。说明设计方案还是有所欠缺，并不能较好地实现产品符号传达，同时也可以看出当下医疗检测设备及其相关产品同质化较为严重。

（3）模糊综合评价法。模糊综合评价法是一种基于模糊数学的综合评价方法。该综合评价法根据模糊数学的隶属度理论把定性评价转化为定量评价，即用模糊数学对受到多种因素制约的事物或对象作出一个总体的评价。它具有结果清晰、系统性强的特点，能较好地解决模糊的、难以量化的问题，适合解决各种非确定性问题。模糊综合评价引入设计符号传达效果评估的意义在于：将设计评价中"优"与"劣"进行一定程度的量化，用归属程度来代替含糊的判定；有助于量化产品符号的传达效果，从而更好地把握符号传达过程控制。

首先，针对具体产品的六个设计目标进行权重分析，形成一级指标（准则层）。接着，对每个设计目标评价内容的具体子项再进行权重分析，形成二级指标（子准则层）。如果产品符号系统复杂，还可以继续分解内容，形成三级、四级等更加细致的指标。而后，对具体内容子项进行量化分析，形成具体的评价数值。最后，把所有量化分析的数值按不同层级的权重系数，纳入综合评价体系，形成最终评价结果。

以医疗检测平台设计为例，如图 3-36 所示。为全面、准确地评价医疗检测平台设计方案，采取划分层次、细化指标的方法，如图 3-37 所示。

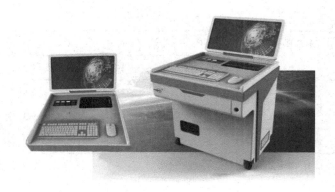

图 3-36　设计方案

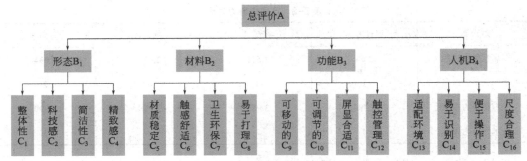

图 3-37　评价指标层次结构

① 确立评价指标，设计方案的评价应当综合用户需求和方案特点，指标的确立需体现噪声控制效果。根据前期符号定位与编码可知，影响医疗检测平台设计传达效果的因素主要是"形态""材料""功能""人机"。由此设定该方案的四个准则层评价指标，每个准则层下又各自包含四个子准则层指标，如表 3-9 所示。

表 3-9　评价指标体系

目标层	准则层	子准则层			
医疗检测平台设计评价 A	形态 B_1	整体性 C_1	科技感 C_2	简洁性 C_3	精致感 C_4
	材料 B_2	材质稳定 C_5	触感舒适 C_6	卫生环保 C_7	易于打理 C_8
	功能 B_3	可移动的 C_9	可调节的 C_{10}	屏显合适 C_{11}	触控管理 C_{12}
	人机 B_4	适配环境 C_{13}	易于识别 C_{14}	便于操作 C_{15}	尺度合理 C_{16}

② 确定评语集 V，为足够细化对设计方案的评价考量，评价标准划分为 5 级，V={ 优秀，良好，中等，合格，不合格 }，对应评价值为 "5，4，3，2，1"。

③ 确定评价权重 W_i，采用层次分析法构造判断矩阵，确立准则层以及子准则层各个指标的权重，见表 3-10 ~ 表 3-14。

综合评价中的准则层指标权重：

表 3-10　总评价

总评价 A	形态 B_1	材料 B_2	功能 B_3	人机 B_4	权重 W_i
形态 B_1	1	2	1/2	1/3	0.167
材料 B_2	1/2	1	1/4	1/6	0.083
功能 B_3	2	4	1	2/3	0.333
人机 B_4	3	6	3/2	1	0.417

注：一致性检验 RI=0.89，CI=0，CR=CI/RI=0 < 0.1（通过）。

单因素评价中的子准则层指标权重：

表 3-11 形态层面评价

形态 B_1	整体性 C_1	科技感 C_2	简洁性 C_3	精致感 C_4	权重 W_l
整体性 C_1	1	4	4/3	2	0.4
科技感 C_2	1/4	1	1/3	1/2	0.1
简洁性 C_3	3/4	3	1	3/2	0.3
精致感 C_4	1/2	2	2/3	1	0.2

注：一致性检验 RI=0.89，CI=0，CR=CI/RI=0 < 0.1（通过）。

表 3-12 材料层面评价

材料 B_2	材质稳定 C_5	触感舒适 C_6	卫生环保 C_7	易于打理 C_8	权重 W_l
材质稳定 C_5	1	2/3	2/5	1/2	0.143
触感舒适 C_6	3/2	1	3/5	3/4	0.214
卫生环保 C_7	5/2	5/3	1	5/4	0.357
易于打理 C_8	2	4/3	4/5	1	0.286

注：一致性检验 RI=0.89，CI=0，CR=CI/RI=0 < 0.1（通过）。

表 3-13 功能层面评价

功能 B_3	可移动的 C_9	可调节的 C_{10}	屏显合适 C_{11}	触控管理 C_{12}	权重 W_l
可移动的 C_9	1	5/3	5/2	5/4	0.357
可调节的 C_{10}	3/5	1	3/2	3/4	0.214
屏显合适 C_{11}	2/5	2/3	1	2/4	0.143
触控管理 C_{12}	4/5	4/3	4/2	1	0.286

注：一致性检验 RI=0.89，CI=0，CR=CI/RI=0 < 0.1（通过）。

表 3-14 人机层面评价

人机 B_4	适配环境 C_{13}	易于识别 C_{14}	便于操作 C_{15}	尺度合理 C_{16}	权重 W_l
适配环境 C_{13}	1	2/3	2/5	2/3	0.154
易于识别 C_{14}	3/2	1	3/5	1	0.231
便于操作 C_{15}	5/2	5/3	1	5/3	0.385
尺度合理 C_{16}	3/2	1	3/5	1	0.230

注：一致性检验 RI=0.89，CI=0，CR=CI/RI=0 < 0.1（通过）。

④ 建立二级模糊综合评价模型，具体分为以下几个方面。

评价矩阵构建：由委托方、技术人员、相关专家等五人组成评审小组，对上述四个准则层分别予以打分，分值范围为 1 ~ 5，如表 3-15 所示。

表 3-15　专家打分结果统计

	C_1	C_2	C_3	C_4	C_5	C_6	C_7	C_8	C_9	C_{10}	C_{11}	C_{12}	C_{13}	C_{14}	C_{15}	C_{16}
5	2	0	2	0	0	2	0	1	2	0	0	1	0	0	0	0
4	3	0	2	1	2	0	4	2	2	2	4	0	1	3	3	2
3	0	4	0	3	3	3	0	2	0	2	1	3	3	2	2	2
2	0	1	1	1	0	0	1	0	1	1	0	1	1	0	0	0
1	0	0	0	0	0	0	0	0	0	0	0	0	0	0	0	1

进一步整理打分结果，构建准则层评价矩阵，具体如下。

$$R_{形态}=\begin{bmatrix} 0.4 & 0.6 & 0 & 0 & 0 \\ 0 & 0 & 0.8 & 0.2 & 0 \\ 0.4 & 0.4 & 0 & 0.2 & 0 \\ 0 & 0.2 & 0.6 & 0 & 0.2 \end{bmatrix} \qquad R_{材料}=\begin{bmatrix} 0 & 0.4 & 0.6 & 0 & 0 \\ 0.4 & 0 & 0.6 & 0 & 0 \\ 0 & 0.8 & 0 & 0.2 & 0 \\ 0.2 & 0.4 & 0.4 & 0 & 0 \end{bmatrix}$$

$$R_{功能}=\begin{bmatrix} 0.4 & 0.4 & 0 & 0.2 & 0 \\ 0 & 0.4 & 0.4 & 0.2 & 0 \\ 0 & 0.8 & 0.2 & 0 & 0 \\ 0.2 & 0 & 0.6 & 0.2 & 0 \end{bmatrix} \qquad R_{人机}=\begin{bmatrix} 0 & 0.2 & 0.6 & 0.2 & 0 \\ 0 & 0.6 & 0.4 & 0 & 0 \\ 0 & 0.6 & 0.4 & 0 & 0 \\ 0 & 0.4 & 0.4 & 0 & 0.2 \end{bmatrix}$$

准则层下的单因素评价：

$$E_{形态}=W \cdot R=\begin{bmatrix} 0.4 & 0.1 & 0.3 & 0.2 \end{bmatrix}\begin{bmatrix} 0.4 & 0.6 & 0 & 0 & 0 \\ 0 & 0 & 0.8 & 0.2 & 0 \\ 0.4 & 0.4 & 0 & 0.2 & 0 \\ 0 & 0.2 & 0.6 & 0 & 0.2 \end{bmatrix}$$

$$=\begin{bmatrix} 0.28 & 0.4 & 0.2 & 0.08 & 0.08 \end{bmatrix}$$

最高数值 0.4 为第二项，对应评语集 $V=\{$优秀，良好，中等，合格，不合格$\}$ 中的"良好"。从"形态"层面来看，该医疗检测平台的评价为良好。

同理可得：

$$E_{材料}=\begin{bmatrix} 0.143 & 0.457 & 0.329 & 0.071 & 0 \end{bmatrix}$$

从"材料"层面来看，该医疗检测平台的评价为良好。

$$E_{功能}=\begin{bmatrix} 0.2 & 0.343 & 0.286 & 0.171 & 0 \end{bmatrix}$$

从"功能"层面来看，该医疗检测平台的评价为良好。

$$E_{人机}=\begin{bmatrix} 0 & 0.492 & 0.431 & 0.031 & 0.046 \end{bmatrix}$$

从"人机"层面来看，该医疗检测平台的评价为良好。

综合评价：整理上一步骤中的准则层评价结果，以此构建综合评价矩阵。各因素之间的权重通过层次分析得出。计算如下：

$$E = W_{总} \cdot R_{总} = \begin{bmatrix} 0.167 & 0.083 & 0.333 & 0.417 \end{bmatrix} \begin{bmatrix} 0.28 & 0.4 & 0.2 & 0.08 & 0.04 \\ 0.143 & 0.457 & 0.329 & 0.071 & 0 \\ 0.2 & 0.343 & 0.286 & 0.171 & 0 \\ 0 & 0.492 & 0.431 & 0.031 & 0.046 \end{bmatrix}$$

$$= \begin{bmatrix} 0.125 & 0.424 & 0.336 & 0.089 & 0.026 \end{bmatrix}$$

最高数值 0.424 为第二项，对应评语集 V={优秀，良好，中等，合格，不合格} 中的"良好"。因此在综合评价下，该医疗检测平台设计方案表现良好。代入评价值"5，4，3，2，1"计算得分：

$$G = 0.125 \times 5 + 0.424 \times 4 + 0.336 \times 3 + 0.089 \times 2 + 0.026 \times 1 = 3.533$$

百分制换算结果为 70.66。

在二级模糊综合评价下，该设计方案的准则层指标和综合评价指标都能达到"良好"，但是得分仅为 70.66。说明该设计方案中对符号编码的处理有所欠缺，目标语义不够突出，从而影响了产品符号的实际传达效果。如果要了解竞品的实际情况，也可以按此方法测试，对比最终得分的高低，分析各自的优劣。

总之，由于不同产品设计评价的内容侧重点不同，各项指标有高有低，必须根据实际情况选择合理的方法和适宜的尺度。

Product Symbol Design

产品符号设计
案例——基于产
品符号学的水
射流切割机高
压泵设计研究

第一节　水射流切割机高压泵概念设计

一、市场调研

1. 产品定义与分类

（1）产品定义。水射流切割机高压泵是高压水射流切割系统的能力单元，其作用是为切割平台提供具备超高能量的水射流，辅助水切割刀头进行水切割。[1]水射流切割机高压泵、切割平台、磨料输送罐、水软化系统和CAD/CAM切割软件等组成高压水射流切割系统，广泛应用于精密切割领域。其系统构成如图4-1所示。

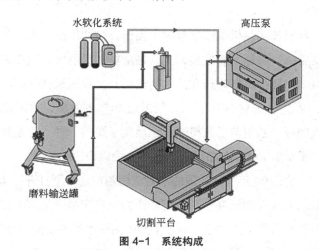

图 4-1　系统构成

（2）产品分类与特点。直驱泵和液压泵是当下水射流切割机高压泵的两个大类，其差异性主要体现在能源驱动方式上。[2]

直驱式高压泵通过电机直接带动三个活塞的曲轴旋转，继而产生较高水压，辅助水射流切割机执行相应的工作。直驱式高压泵通常切割材料为塑料混合物等，提供的水压通常为中高压，切割效率高，因为无液压传动，故方便维修。此外能耗低、流量大、压力高、寿命长也是其特点。

液压式高压泵是通过油压去带动形成更加庞大的压力，继而产生超高水压，辅助水射流切割机执行相应的工作。相较于直驱式高压泵，其可进行高低档切换，适用面更广，通常提供的水压为超高压，可以切割更加厚实的金属材质。缺点也比较显著，主要是能耗大、成本高。

产品的分类及特点见表4-1。

---

[1] 王洪伦，龚烈航，姚笛. 高压水切割喷嘴的研究 [J]. 机床与液压，2005（4）：42-43，55.

[2] 乔彦兵，王玉庆. 一种水射流切割液压增压装置：CN209440010U[P]. 2019-09-27.

表 4-1　产品的分类及特点

样式	驱动方式	输出水压	切割材料	优点／缺点
	电能驱动活塞曲轴承，增压辅助水射流射出	中高压	塑料及塑料混合物	能耗低、成本低／切割适用面有限
	电能驱动油泵，控制增压比，辅助水射流射出	超高压	金属及特种金属	切割适用面广／成本高、能耗高

2. 市场发展及现状

（1）发展脉络。水射流切割机高压泵起源于美国，最初用在航天、航空等军事行业，因其冷切割特性而备受青睐。后经不断发展，尤其是磨料的出现极大地拓展了水射流切割的业务场景，如陶瓷、玻璃、复合材料等行业。水射流切割机高压泵在我国的发展与水射流切割机的发展息息相关，从20世纪90年代引入，经过近30年的发展，目前已拥有近千家制造企业，产值近百亿元人民币。水射流切割机高压泵虽属于泵的一种，但是发展却滞后于我国的泵行业发展趋势，主要受制于技术与市场，大致可分为以下三个阶段。

产品引入阶段：20世纪90年代，我国的水射流切割市场刚刚打开，水射流切割机的发展与切割需求的变化对水射流切割机高压泵的工作压力也有了越来越高的要求，国内企业通过引入外部力量重点提升了标准、技术等，推动了整体高压水射流切割市场与制造业的发展。

快速膨胀阶段：21世纪前十年，经济发展缩影下的房产、基建等催生了众多特种切割需求，极大地刺激了水射流切割市场的发展。自2003年以后，市场持续保持良好的发展趋势，产品的年均销量增速超过30%。国内市场规模虽然在不断扩张，但是关键技术的引进却日益困难，二次创新不足。同时，因为水射流切割行业的产品开发具有长开发周期与高成本的特点，企业自主开发也难以短时间突破。加之国外企业直接在我国投资设厂，直接挤压国内品牌市场份额，国内自主品牌行业发展速度逐渐放缓，竞争力下降，虽然低端市场仍然在发展，但是高端赛道难以与国际品牌竞争。

创新变革阶段：21世纪第二个十年，商业困境倒逼企业加大研发投入，国内产学研的融合，尤其是2015年提出的"中国制造2025"更是极大地激发了水射流切割市场的活力。在政策推动与产品发展的大环境下，水射流切割机高压泵进入了新一轮的发展时期。随着技术加持、需求转化以及产业整合，国内逐步涌现了众多高端水射流切割厂商，如大地、华臻等，为国内基建、经济与国防提供了一批重要的产品，对这些领域的发展起到了不可估量的作用。

（2）市场现状。伴随着技术迭代、需求扩大和产业整合，国内水射流切割市场也因此而不断扩大。据有关数据统计，2013年国内市场需求量达到约400万台，到2019年需求量达到约650万台，年复合增长率达到约8.6%。2013—2019年我国高压泵行业市场需求如图4-2所示。

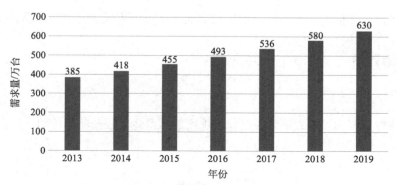

图 4-2　2013—2019 年我国高压泵行业市场需求

（3）企业特征描述。国外的水射流切割机高压泵发展已经有近百年的历史，如福禄（FLOW）、科美腾（KMT）、傲马（OMAX）等。这些品牌在全球市场占比较大，位于全球价值链的高层，在行业内与市场上有较高的话语权与影响力，引领着水射流切割产品的发展潮流。我国从技术引进、产品研发再到市场普及都晚于国外，但在政策的扶持和产学研的支撑下，也涌现了众多具有鲜明本土特色与自主产权的企业，甚至在部分高端水射流产品领域已经可以和国际一线企业分庭抗礼。如南京大地水刀是国内最早从事研发的企业，参与了国家标准的制定与相关科研工作，至今已经发展为国内规模最大、国际有影响力的水射流产品制造商。华臻水刀与狮迈水刀都是国内的老牌企业，在国内市场占有较高的份额与良好的口碑，产品也具备较高的辨识度，涉及的领域较广，对我国整体水射流切割市场有较大的贡献。相关企业特征描述见表4-2。

表 4-2　企业特征描述

企业（国籍）	特征
FLOW（美国）	研发出世界上第一台加砂水射流切割系统，是该技术领域的国际领导者，全球市场占比超过六成
KMT（美国）	拥有国际一流的超高压水射流增压技术，专注于增压泵的设计与制造，是产学研相结合的现代化工程机械设备制造企业
OMAX（美国）	全球先进磨料水射流切割系统的领导者，通过其革命性的工作使研磨水射流切割加工成为当今通用的制造技术之一。B2B（公对公）和垂直市场经验丰富，专业数控切割系统领先于业界
大地（中国）	国家标准主编单位，主持863计划，第一部高压水射流切割国家标准制定者，国内一流知名企业
华臻（中国）	三柱塞式直驱泵应用先驱企业，国内该领域技术研发先驱。参与国家标准制定，进入国家863计划，承担部分项目研发
狮迈（中国）	国家标准制定者之一，企业产品以软硬件结合度高而业内闻名。是国内首套拥有自主知识产权的五轴联动智能水射流切割加工中心研发者

3. 小结

国内业态集中化特征显著，产销厂家超千家，但是品类覆盖范围重点集中在高能耗、低端、低质产品上，关键领域产品仍需大量进口。高端市场逐步细分，市场呈现出增量发展到存量竞争的变化。企业崛起带来的市场内卷化、产品同质化竞争是每个企业都需要关注的重点。据此，如何增加产品附加价值与形成品牌竞争力成为打造产品壁垒的重中之重。

二、行业规范调研

1. 技术要求

超高压螺栓和液力、动力端等螺纹处应规定装配扭矩。联轴器和传动带等运动部件应装配防护罩。

2. 材料要求

材料物化性能检验执行 GB/T 699—2015、GB/T 700—2006 等。经热处理材料可直接加工。锻件坯料应保证外表面无明显缺陷，钢锭锻造的两端应避免松散的部分。锻件应避免过烧和脱碳，其表面应光滑，无裂纹等缺陷。需机加工表面经加工后无缺陷可符合使用标准。锻件的缺陷不应补焊。

3. 制造技术要求

产品零部件避免缺陷，整体需符合疲劳强度，表面粗糙图轴向与周向应小于 3.2μm，表面避免划伤与凹陷等问题。通过打压、滚压等工艺增强处理承压零件的内层，高、低压缸体以及曲轴等截面需圆角过渡。高压连接螺纹的精度不低于 6H 或 6h。泵阀组配研后应做煤油渗透试验，5 分钟内不得渗漏。装配前与润滑油接触的零件的非加工表面应涂耐油防锈漆底漆。零部件之间应避免毛刺。螺纹连接装配应采用指示式扭力扳手装配。

4. 标志、包装和贮存要求

高压泵的明显位置处应按照 GB/T 13306—2011 的规定固定标牌。重要配套设备需标示产品标牌、注册商标和产品检验合格证。高压泵的机身上应标有曲轴旋转方向标志，其关键承压件检验合格后应打标志。通气通道需密封设计，坡口与法兰面应加保护罩，相关管道应设置支架。

5. 小结

产品的相关行业准则规定了基本参数、材料要求、相关标识等，设计中应注重体现以确保合理、合法、合规。

三、用户需求调研

1. 用户访谈

水射流切割机高压泵的用户需求访谈的调查地点为南京富技腾精密切割有限公司、南京灵犀工业设计公司、上游加工厂，调研人群为操作员、企业高管、销售商务等。经过访谈调研得出，多数用户对水射流切割机高压泵的功能性、使用率、质量、价格、外观等方面较为关注，调研交流中的用户反馈对水射流切割机高压泵的设计过程起到引导性作用，根据这些结论可进一步拟定调查问卷进行深入的研判。用户画像见表4-3。

表4-3　用户画像

用户类型	目标用户	利益相关者	
基本情况	操作员	企业高管	销售商务
动机	快速启动设备，易用	提高工作效率	提升产品知名度
痛点	指示不明确、操作不方便、工作情绪低、维护烦琐	工作效率低、性能较弱、审美疲劳	同质化严重、辨识度低、不友好、不亲和
期待	外观亲和、指示清晰、易于维护、有意思	提高效率、物美价廉、辨识度高	辨识度高、突出企业特色、结构合理、成本可控

2. 用户调查问卷

选取的问卷对象包括操作员、企业高管、采销人员、相关设计人员等。实发问卷100份，有效问卷93份。用户调研问卷见附录Ⅰ。相关统计数据如下。

① 调查对象年龄区间主要在33岁以下，共计74人，说明此次调查群体具有一定的工作年限与操作经验，因此证明此次调查对象的选取是合理的、科学的，对后续数据研判具有一定的指导意义。如图4-3所示。

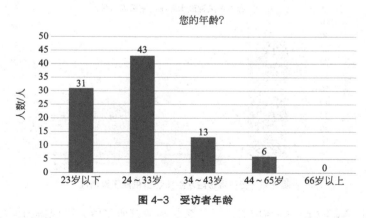

图4-3　受访者年龄

② 调查对象中男性占比约七成，据此可以推测该设备使用者主要为成年男性用户，因此人机设计需要重点考虑成年男性群体的生理尺度、操作特性和心智模型等。如图4-4所示。

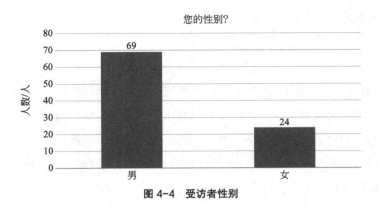

图 4-4　受访者性别

③ 受访者中 76% 的人身份为操作员，超过三分之二的用户是目标群体，印证此次调查问卷数据的合理性与科学性，有利于心理、诉求信息的获取。如图 4-5 所示。

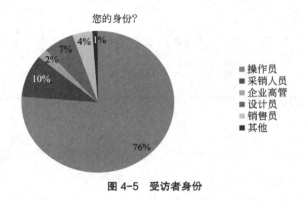

图 4-5　受访者身份

④ 受访者基本上都接触过水射流切割机高压泵，人数为 87 人，数据样本科学、合理，具有参考性。如图 4-6 所示。

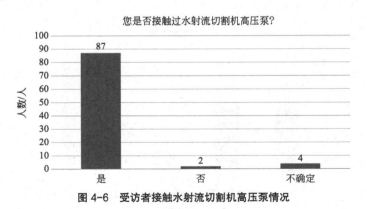

图 4-6　受访者接触水射流切割机高压泵情况

⑤ 受访者中只有约半数的用户对产品的系统参数有所了解，可以得出两种结论：一是系统参数的推广不足；二是用户对技术层面的关注度较低。需要后续继续研判，提出方向，指导具体设计的推进。如图 4-7 所示。

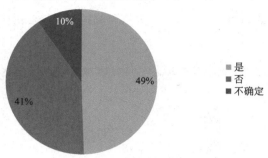

图4-7 系统参数了解情况

⑥ 受访者中接触到水射流切割机高压泵主要为中低端压力值。越高端的产品，所接触者越少。据此可知，低端市场产品认知程度较高，国内高端市场产品仍有待深入挖掘。如图4-8所示。

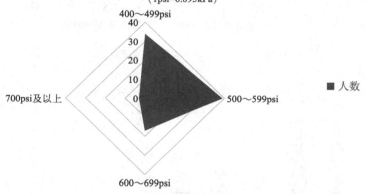

图4-8 接触产品的压力区间情况

⑦ 受访者中约半数以上的用户更愿意购买国外的产品，国内产品认可度有待提高。因此在产品设计时需要考虑突出产品的品牌性，突出企业文化与产品文化，增强用户认可感与获得感。如图4-9所示。

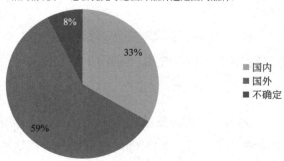

图4-9 受访者国内外产品接受程度情况

⑧ 受访者对国外品牌的了解居多，对国内较早、有名气的品牌了解居多。如图 4-10 所示。

⑨ 国内外产品的差距重点体现在技术、外观与品牌上，结合用户购买心理因素可以综合研判用户倾向。如图 4-11 所示。

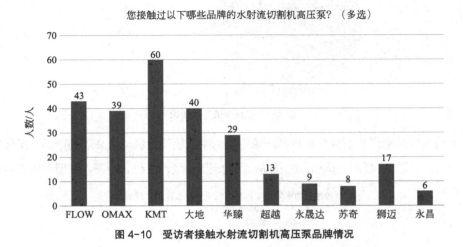

您接触过以下哪些品牌的水射流切割机高压泵？（多选）

图 4-10 受访者接触水射流切割机高压泵品牌情况

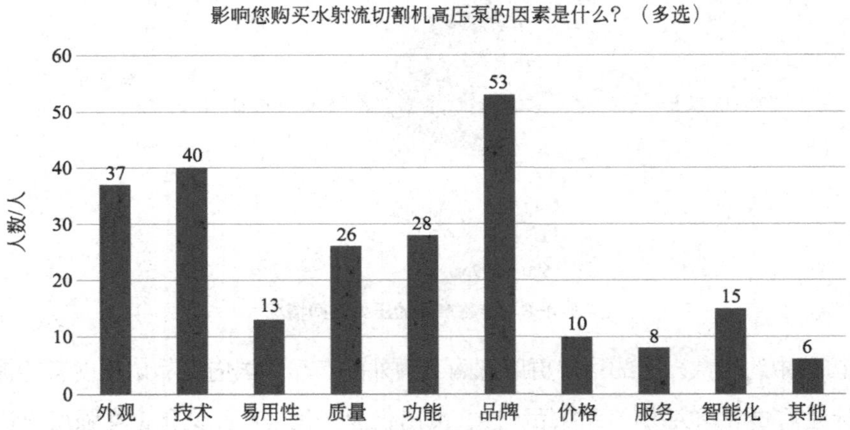

影响您购买水射流切割机高压泵的因素是什么？（多选）

图 4-11 影响购买因素

⑩ 受访者觉得国内外产品的差距主要体现在外观、技术、品牌上，在一定程度上也影响用户的选择意愿。如图 4-12 所示。

⑪ 受访者认为现有产品体验缺陷主要体现在造型较为呆板、操作不方便、长时间操作易于疲劳上，这些都是可以进行迭代优化的重点。如图 4-13 所示。

3. 小结

依据访谈与问卷结果，总结出不同消费者的诉求，为后续产品需求的转化提供线索与方向。在满足目标用户诉求的前提下，思考个性化诉求的优先级与落地性也是后续设计的内容。用户对产品的诉求重点体现在品牌认同感、优质的外观、操作体验的流畅与智能等方面。

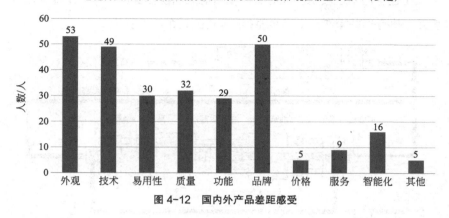

您觉得国内外水射流切割机高压泵的差距主要体现在哪些方面？（多选）

图 4-12　国内外产品差距感受

您觉得当前水射流切割机高压泵在哪些方面没有很好地满足您的需求？（多选）

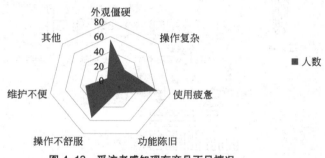

图 4-13　受访者感知现有产品不足情况

四、技术调研

1. 工作原理

高压泵最直接的目的是产生持续高压水射流。电力驱动虽然可以满足大多数场景，但是液压式产品的连续工作压力较之高 10% ～ 25%，故目前广泛采用液压这种增压技术。[1] 液压式高压泵的工作原理主要涉及油路和水路两部分。[2]

油路工作原理：电机驱动油泵，油路分别传向囊式液压蓄能器（平稳油压）、压力表（显示油压）、换向阀。当增压开始时，溢流阀闭合，液压油经换向阀进入增压器油腔，推动活塞运动继而推动另一侧液压油冷却回箱。不断切换油路并冷却液压油，形成增压器的往复运动。

水路工作原理：增压器两端进水，工作开启时，一端利用单向阀进水，另一端喷高压水射流，利用活塞杆的往复运动，两侧不断地向外界提供高冲量水能。受到转换周期的影响，

---

[1] 隋文臣，赵保宁，邓纲文 . 一种双柱塞增压泵液压系统 [J]. 液压与气动，2008（7）：73-74.
[2] 邵玉刚 . 一种液压增压泵：CN108716455B [P]. 2019-12-31.

相应的压力变化也呈周期性波动。此时高冲量水能经储能器稳压，待有工作需求时，直接输送至工作单元，执行相关操作。工作原理（液压式）如图 4-14 所示。

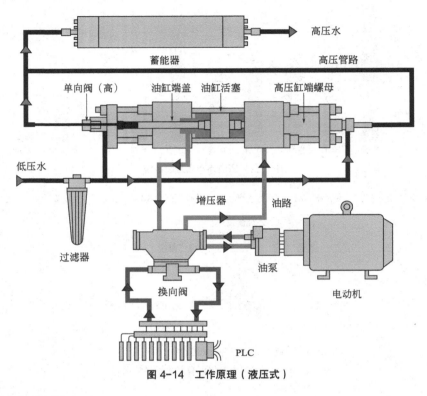

图 4-14　工作原理（液压式）

2. 水射流切割技术

（1）水射流切割方式。水射流切割方式主要分为纯水切割与加磨料切割。❶

　　纯水切割的速度和效果明显，但是切割的适用面有限，只能切割较软的东西，如塑料、纺织品等。除此之外，材料的厚度对切割的质量与效率影响较大。加磨料切割相较于纯水切割则是在高速水流中加入水切割砂，如石榴石。石榴石因其高硬度与锋利的尖角，在高速水流中增加整个水砂混流的摩擦力，在相等流速的切割下，对外做功、动能、切割能力都极大地得到了提高，故在切割的硬度和厚度上相较于传统的纯水切割有了很大的突破。❷

　　由于目前加磨料切割几乎可以切割任何材质，因此也被广泛地用于工业水务领域，尤其是在切割金属、岩石或陶瓷等材质时较为高效。但纯水切割在特定的领域也有其独特的优势，如纸质产品、压实材料、纺织品或食品等。❸ 水射流切割方式如图 4-15 所示。

❶ 张运祺 . 高压水射流切割原理及其应用 [J]. 武汉工业大学学报，1994（4）：13-18.
❷ 赵民，赵永赞，刘黎，等 . 磨料水射流切割石材的应用研究 [J]. 金刚石与磨料磨具工程，2000（2）：21-23.
❸ 陈世伟 . 水切割加工工艺与特点 [J]. 机械制造，1996（9）：43-44.

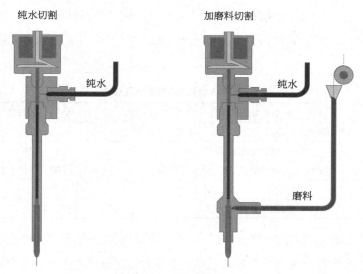

纯水切割　　　　　　　　　　　加磨料切割

纯水

纯水

磨料

图 4-15　水射流切割方式

（2）水射流切割技术特性。主流切割技术有电子放电切割、水射流切割、气切割等。[1] 水射流切割以水为介质，作为一种冷切割技术因其具有无热、高能、易控、高效、安全、价廉等优点，可以完成其他技术无法处理的工作。[2] 此外，在通用性、厚度、速度等方面相较于其他切割技术具有长足的优势。各种切割技术特性见表4-4。

表 4-4　各种切割技术特性

特性	水射流切割	电子放电切割	激光切割	等离子切割	气切割
厚度	＋＋	＋＋	－	＋	＋＋
多样性	＋＋	－－	＋	－	＋＋
质量	＋	＋＋	＋	－	－－
速度	＋	－	＋＋	＋	－
通用性	＋＋	－	－－	＋	＋
质量衰减	＋＋	＋＋	－	－	－
成品质量	＋	＋＋	＋	－	－－
环保性	＋	－	－	－	－
柔软性	＋＋	－	＋	－	－
总处理时间	＋	－－	＋	－	－

3. 材料与工艺

水射流切割机高压泵由水射流切割机高压泵外壳、结构框架、电器部件、增压模块、连

---

❶陈根余，曹茂林，黄丰杰.三维激光切割的应用和研究 [J]. 激光与光电子学进展，2007（3）：38-42.
❷赵春红，秦现生.高压水射流切割技术及其应用 [J].机床与液压，2006（2）：1-3.

接件五大模块组成。水射流切割机高压泵应用环境比较特殊，环境恶劣，材料长期受到水与其他物质的侵蚀，所以对材料性能的要求比一般材料都要高。各模块材料需求以及选材见表4-5。

表4-5 各模块材料需求以及选材

部件名称	材料性能要求	可用材料
外壳	物理性能优异、适温、耐油、阻燃、耐磨、耐候	钣金件
结构框架	物理性能优异、不易变形	型材
电器部件	物理性能优异、阻燃、电子性能优异	改性PET或PBT、改性尼龙、PA6与PA66等
增压模块	物理性能优异、耐磨、耐油	/
连接件	适温、柔软、耐碾压	橡套、TPE、TPU、XLPE

在考虑产品产量与成本的基础上，企业通常会选择钣金件作为产品外壳的主要选材。钣金加工总的来说就是对一些较薄的金属板片施加压力，在压力的作用下发生形变，根据具体的需求选择相应的连接工艺，最后形成具有指定功能的零部件。钣金装配方式有卡扣、点焊等方式。❶各方式的优缺点见表4-6。

表4-6 钣金件装配方式优缺点

装配方式	使用设备	优点	缺点
卡扣	/	成本低、可拆卸	固定性一般，需配合其他装配方式
拉钉	拉钉枪	操作方便、自动定位、易返工	拉钉尾部会产生干涉，沉孔会增加冲模工序，使用空间有限
自铆	冲压铆合模具	自动定位、小批量可手工制作	不可拆卸，沉孔会增加冲模工序，良品率较低
自攻螺钉	电批	成本低、可拆卸	拆卸次数有限
攻螺纹+螺钉	电批	安全可靠、可反复使用	攻螺纹工序导致成本增加
螺母+螺钉	电批	安全可靠、可反复使用	成本较高
点焊	点焊机	工艺简单	需焊接，不可拆卸，使用范围有限

4. 小结

首先，产品技术复杂，内部模块众多，因此各部件的摆放位置既要满足产品工作原理的实现，也要注重内部兼容性与协调性，以方便日常维护。材料整体采用钣金件及其相关工艺，装配方式采用卡扣的方式，价廉且满足日常拆卸的需求。其次，对材料的选择既要满足功能性与成本需求，也要考虑到产品所处环境以及用户的心理感受。

五、人机环境调研

人机环境调研是对指示性符号运用规范的调研。指示性符号是产品功能性语义的表现。

---

❶朱志颖，李明，韦庆玥，等.汽车钣金件虚拟装配实物数字化研究[J].计量与测试技术，2018，45（6）：32-34，37.

产品功能性语义通过外观形态、模块构成、细节作为载体，是外延性语义的内容，向用户传递相应的功能语言，让用户可以简单、明晰地了解产品的操作与功能。❶

1. 人机界面分析

（1）功能区域分析。水射流切割机高压泵整体呈箱体，体形较大，但人为操作并不复杂，因此功能分区也较为简单，类似于加工中心等工程类产品。以服务对象上一代液压式高压泵为例，产品型号为 Trend 50，其功能分区可划分为系统操作区、增压观察操作区、维护区、铲车适配区。系统操作区主要支持产品开关与系统的操作；增压观察操作区支持增压模块、储能模块的观察和相关部件的操作；维护区支持产品内部易损部件的替换与日常的维护；铲车适配区支持产品运输功能的实现。功能分区如图 4-16 所示。

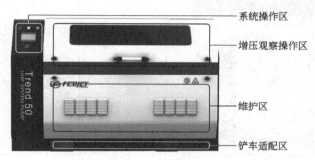

系统操作区
增压观察操作区
维护区
铲车适配区

图 4-16　功能分区

（2）功能形态分析。产品在多水、多飞溅物的环境下使用，因此现有产品多是封闭性产品形态，不同的功能分区内由不同的功能单位支撑产品功能的实现。主要功能如视窗的观察、增压器的操作、挡板的拆装、零部件的拆卸维护等，据此设计出的产品形态应该是符合功能表达的。产品形态与功能如图 4-17 所示。

按钮
显示器
观察视窗
把手
卡扣
叉车配套口

图 4-17　产品形态与功能

（3）功能指示分析。指示性语义旨在让产品的操作不言自明。❷指示性语义使用户不必对

---

❶ 果霖，李刚，钟静雯，等 . 电动工具产品功能性语义研究 [J]. 电动工具，2019（3）: 19-23.

❷ 孙蕾 . 指示性代词的语义特性 [J]. 外语学刊，2002（3）: 100-105.

产品有太多的了解，甚至不用阅读说明书就能确定产品的操作、运作方式。特定的图形或者符号指示用户的操作导向，这些符号的象征意义来源于用户生活体验中获得的操作经验，对于用户来说，几乎是下意识的判断。产品操作指示见表4-7。

表 4-7　产品操作指示

类别	图例	操作语义	解释说明
按钮		下按	键盘式操作自从电气时代以来就为人熟知，按压操作成为按钮的普适性动作
把手		握、抬	封闭的留空造型让人不自觉地产生抓握的操作
卡扣		旋转	圆形、圆柱、圆台都容易让人联想到旋转与转动
叉车配套口		插	方形深孔让人联想到插入
观察视窗		看	透明的材质指示用户进行观察

类别	图例	操作语义	解释说明
铭牌		看	作为产品信息的载体让人产生认知的冲动
螺纹		旋转契合	螺纹让人联想到旋转，同时匹配的一组螺纹也让人联想到契合，从而产生联通的作用

2. 相关人体尺寸

（1）生理层面的人体尺寸。生理层面的人机分析主要是了解人体的主要尺寸等，以方便指导产品外观设计。在水射流切割机高压泵的人机设计上需要重点满足 18 ～ 55 岁成年人的主要尺寸，以及手臂等肢体操作舒适下的各项参数。产品的尺寸确定需要参考人机工程学的相关标准，具体见表 4-8 和表 4-9。

表 4-8　我国成年男性人体尺寸

测量项目	百分位数						
	1	5	10	50	90	95	99
身高 /mm	1543	1583	1604	1678	1754	1775	1817
坐高 /mm	836	858	870	908	947	958	979
臀宽 /mm	284	295	300	321	347	355	369
前臂长 /mm	206	216	220	237	253	258	268
大腿长 /mm	413	428	436	465	496	505	523
小腿长 /mm	324	338	344	369	396	403	419
眼高 /mm	1436	1474	1495	1568	1643	1664	1705
肩高 /mm	1241	1281	1299	1367	1435	1455	1494

表 4-9　我国成年女性人体尺寸

测量项目	百分位数						
	1	5	10	50	90	95	99
身高 /mm	1449	1484	1503	1570	1640	1659	1697
坐高 /mm	789	809	819	855	891	901	920
臀宽 /mm	295	310	318	344	374	382	400
前臂长 /mm	185	193	198	213	229	234	242
大腿长 /mm	387	402	410	438	467	476	494
小腿长 /mm	300	313	319	344	370	376	390
眼高 /mm	1337	1371	1388	1454	1522	1541	1579
肩高 /mm	1166	1195	1211	1271	1333	1350	1385

（2）操作层面的人体尺寸。用户在操作水射流切割机时主要是以站立姿势操作的，还涉及增压器的观察与显示器的观察与操作等。因此在造型设计时需满足相关的人体尺寸，通过这些标准尺寸来规范产品，适应操作者的人体尺度，使其在各种使用环境中能舒适便捷地操作。在设计过程中要参照人机工程学的相关尺寸标准。涉及操作部位的活动范围见表 4-10。

表 4-10　身体重要部位活动范围

身体部位	关节	动作	最大范围 / (°)	舒适调节范围 / (°)
头至躯干	颈关节	低头，仰头 左歪，右歪 左转，右转	75 110 110	+12~+25 0 0
躯干	胸关节 腰关节	前弯，后弯 左弯，右弯 左转，右转	150 100 100	0 0 0
脚至躯干	髋关节 小腿关节 脚关节	外转，内转	180	+0~15
上臂至躯干	肩关节	外转，内转 上摆，下摆 前摆，后摆	210 225 180	0 +15~+35 +40~+90
手至下臂	腕关节	外摆，内摆 弯曲，伸展	50 135	0 0

3. 工作环境调研

水射流切割机高压泵一般在车间中使用，其相关配套设备还有水射流切割平台、磨料罐等，现场环境复杂，设备较多，整体装修色彩偏冷。水射流切割平台的运作伴随着巨大的飞溅水花与磨料，因此高压泵的外壳设计既要考虑产品的质量，也要考虑到产品的耐腐蚀性，色彩上不易采用前进色，应以冷色系为主要色彩，保持与整体环境的协调。工作场景如图4-18 所示。

图 4-18　工作场景图

4. 小结

产品功能分区、形态、指示的自明性表达对降低用户的认知成本尤为重要，现有产品的功能性语义仍有巨大的简化空间，因此产品的功能性语义表达是现阶段产品设计的一个可能性突破点。产品的目标用户为成年男性，因此产品观察视窗的角度和高度、视窗的操作、操作界面的使用应重点参考男性的生理尺寸，但是也要兼顾女性的生理尺寸，扩大产品的适用性。在压抑、复杂的工作环境中需要适当地采用亮色作为产品的辅助色，突出产品辨识度。

六、造型规律调研

造型规律调研是寻找产品象征语义表述规律的过程，是对产品符号审美表现和情感唤醒方式的寻求。象征语义主要包括形态、色彩和材质几个维度，是外延性语义的范畴。❶

1. 形态象征语义表述规律

（1）形态调研。福禄（FLOW）、科美腾（KMT）、傲马（OMAX）是国外业内聚焦水射流技术的头部供应商，技术与标准成熟先进，在国际上具有相当可观的市场份额与业界影响力。其在设计上充分体现了水射流切割机高压泵的发展与时代流行趋势，体现了先进的设计与技术理念。

国内市场在吸收国际先进经验的基础上，通过几十年的努力，涌现众多行业新星，如南京大地水刀、淮安旭升水刀、浙江永晟达水刀、广东华臻水刀等。不同品牌之间都呈现出各自不同的造型风格与特点，获得不错的业界口碑。

国内外市场现有产品大多数外观语义传达出的感觉略显机械、僵硬，虽然符合产品属性，但是恰恰忽略了使用者的感受。产品的外观特征如线条、体块关系等都是外观语义设计的载体，因此在设计中需重点针对类似特征进行语义的设计与传达革新。国内知名品牌产品造型见表4-11。国外知名品牌产品造型见表4-12。

---

❶ 王西托. 产品语义与用户情感 [J]. 设计，2015（3）: 54-55.

表 4-11　国内知名品牌产品造型

品牌	型号	
南京大地	 C60T	 C100V
淮安旭升	 G37B-400H	 CUX-400H
广东华臻	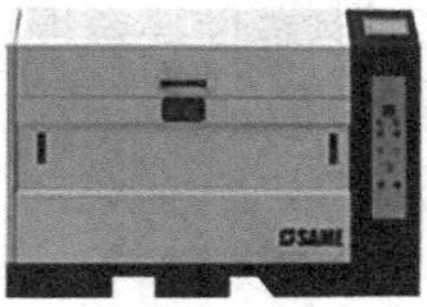 50HB	 HJ400
佛山锐驰	 RC-2015V	 450B

表 4-12　国外知名品牌产品造型

品牌	型号	
FLOW	 HyPlex Prime	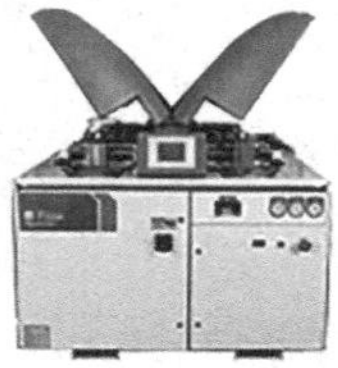 HyperJet
KMT	 TRILINE	 PRO-Ⅲ

品牌	型号	
JET Edge	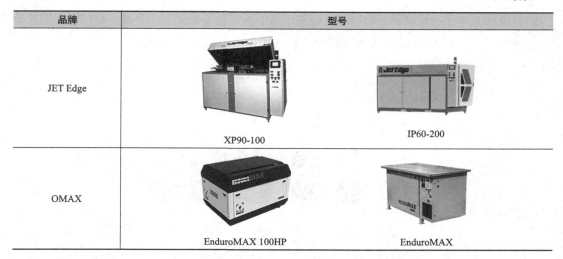 XP90-100	IP60-200
OMAX	EnduroMAX 100HP	EnduroMAX

（2）形态演变调研。技术演变与需求变化是产品外观发展的直接导向标，尤其作为一款配套设备，其设计并未得到重视，在外观上大多是满足功能和结构的需求，因此产品外观设计较为僵硬、简单，种类单一，功能并不丰富，辨识度较低，缺少科技感。

而后产生了可拆卸式外壳的设计，在钣金框架的基础上，通过对增压器设计盖子，来满足日常的工作需求。此外，这时的设计开始考虑产品的运输与提吊等运输场景下的需求，通过设计底座、插孔、吊环来满足叉车与航吊的使用。但是产品风格仍然比较单一，市场产品外观同质化严重，产品与品牌的辨识度较低。

目前，随着切割需求的多样化与操作场景的多元化，这一时期的产品在外罩保护、可拆卸的基础上，出现了观察窗口的设计，满足了观察与维护的需求。市场产品百花齐放，逐步摆脱传统箱体柜式的外观结构，更加注重模块设计与产品使用场景的挖掘。造型风格发展变化如图4-19所示。

| 20世纪90年代 | 21世纪初 | 2010年 | 2010年后 |

图4-19　造型风格发展变化

水射流切割机高压泵可以从开放和保守、丰富和简约两组相反的形容词组进行造型风格归纳，市场上保守与开放形态的水射流切割机高压泵数量不相上下，丰富与简约形态的数量也保持平衡，但丰富形态的数量稍少。造型风格切片如图 4-20 所示。

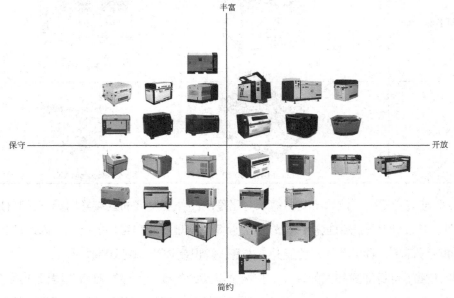

图 4-20　造型风格切片

2. 色彩象征语义表述规律

　　色彩主要是通过纯度、色相、搭配等表达具体的情感内容，合理的配色可以增强产品的层次感，突出产品特色与品质，表达产品的情感价值。[1] 常见颜色的语义见表 4-13。产品色彩特征见表 4-14。

表 4-13　颜色的语义

颜色	语义
红色	危险、热情
黄色	愉快、华丽
蓝色	保守、纯净
绿色	生命、安全
紫色	神秘、高压
白色	朴素、纯洁
黑色	力量、深邃

❶ 林晨晔 . 基于用户体验的产品色彩定向设计方法 [J]. 包装工程，2019,40（22）:46-49.

表 4-14　产品色彩特征

项目	案例 1	案例 2	案例 3	案例 4	案例 5	案例 6
产品图片						
配色说明	主色：白色 辅色：红色	主色：白色 辅色：蓝色	主色：黑色 辅色：红色	主色：白色 辅色：黑色		主色：白色 辅色：黑色 装饰色：红色
效果说明	辅助色为 企业色	辅助色符合 产品语义色	主色符合产品 使用环境	辅色符合产品使用环境		装饰色为 企业色

市面上的产品主要采用白色或者黑色作为主色调，辅色通常采用蓝色等，有的产品加以企业的标志色作为装饰色。通过色彩的搭配表达产品的理念与企业的文化。

白色的语义为纯净，符合水务领域的行业特点。黑色传达出深邃、冷静的色彩语义，符合产品作为工业设备的严肃感。同时，水射流切割机高压泵所处的工作环境恶劣，黑色的使用既让用户达到情绪上的稳定，同时也具有耐脏的属性。同时红色等前进色的使用，与黑色形成对比，增加产品的层次感与辨识度，刺激用户感官视觉。

3. 材质象征语义表述规律

材质是产品审美层重要的构成元素，材质的物理与生理属性是语义传达的两个通道。物理属性包括材质的色泽、粗糙度等；生理属性包括材质给用户的心理暗示与感受，如价值、地位等。材质通过两者与用户发生信息交互，让用户在明确产品操作功能的基础上，体会材质背后传达的精神层面含义。现阶段，外观的简约成为设计趋势，产品的材质构成成为现代产品语义传达的重要窗口。水射流切割机高压泵各部件材质语义特征见表 4-15。

表 4-15　外观部件材质语义特征

部件名称	可用材料	语义特征
外壳	冷轧板（SPCC）	稳固、安全、理性
观察视窗	透明塑料	纯净、温和、洁净
	玻璃	纯净、洁净
底座垫	橡胶	温和、柔软
按钮	塑料	优雅、柔和
显示屏	玻璃	纯净、洁净
把手	金属	稳固、安全、理性、科技
卡扣	橡胶	温和、柔软
连接件	橡胶	温和、柔软
锁	金属	稳固、安全、理性、科技

4. 象征语义情感化分析

产品表现层的终极目的是引发使用者的情感共振，情感作为象征性语义的内容，是用户语义感知的重要维度。[1] 水射流切割机高压泵过往的产品造型在线条、形体等方面往往给用户以锐利感和距离感，而忽视了用户在使用过程中的轻松感和愉悦感。尤其是现阶段行业产品族群出于对成本的考量，很少使用倒角处理，圆润的倒角与体块造型的对比，可以给用户传达和谐统一的情感语义。同时，作为一款钣金产品，用户对增压部件难以做到随时查看与把握，因此在心理上缺少相关的安全感与可控感。过分依赖传统按键式按钮，用户在操作时缺乏一定程度上的乐趣，缺乏科技感与时尚感也是现有产品存在的弊病。现阶段产品语义情感缺失特征如表 4-16 所示。

表 4-16　产品语义情感缺失特征

特征	特征描述	语义情感缺失
	过于封闭，不利于观察增压模块与使用	安全感、可控感
	边缘锐利，造型生硬	亲和感、和谐感
	传统按键式操作面板	科技感、时尚感

5. 小结

市面上的水射流切割机高压泵外观语义的发展路径由纯理性、稳重感逐步向亲和感、舒适感发展，具体表现为从箱柜式发展为模块化、有机的造型形态，但市面整体产品外观语义的表达仍存在僵硬的态势。色彩语义上突破了传统黑白搭配的状况，逐步引入符合水务行业语义色彩的蓝色与企业色来丰富产品的色彩语言表达。从材质表达来看现阶段仍然较为单一，主要为钣金为主，冷漠感、冰冷感较强。在整个发展过程中，可以分析出市场产品虽然在不断寻求表达自身产品特点的方式，但是受制于加工工艺、成本等因素，产品的审美性语

---

❶ 王方良.产品的多元化语义解析 [J]. 装饰，2003（4）: 28-29.

义对产品情感价值的表现仍然存在着一定的问题，可以从这些方向进行革新，以指导产品的外观设计。现阶段市场多数产品表达出的产品语义情感体验较为僵硬且冷漠，对于打造产品的差异化而言，结合用户需求突出产品操作上的智能感与科技感，以及视觉观感上的和谐感与亲和感，有助于拉进人机距离，快速占领用户心智并实现持续增长。

七、产品定位

目标人群为操作员，相关利益群体主要有企业高管、销售商务、维护人员等。在用户需求获取上以操作功能、精神需求为主线，兼顾相关利益群体的个性化需求，在满足共性需求的基础上兼顾个性需求的体现，扩大产品的适用面。

在现有产品内部结构的基础上，打破现有产品外观机械化、僵硬化、套路化的感受，综合表现产品的"简约性""亲和感"和"舒适性"，让用户在高压场景下可以从观感、触感上舒缓压力，继而获得认可感。为此，产品符号赋义如下。

1. 象征性语义

造型语义：突破业态产品僵硬、呆板、保守的产品造型，可以采用圆角与折弯的设计语言，避免锐利的折边，突出"亲和感"和"友善感"。

色彩语义：注重企业色（红）、行业色（白、蓝）、技术色（白、蓝）和场景色（黑、白、灰）的使用，突出产品技术的先进性与所处领域的洁净性。兼顾复杂使用场景下的用户心理预期和产品辨识度的表达，突破大型机械设备呆板、单调的印象。从色彩上既让用户感到稳重，又突出"科技感""洁净感""柔顺感"。

材质语义：打破单一的钣金件设计，解构与重组，材质搭配突出"层次感"。在符合工件基本工作需求的强度前提下，提升产品的"高级感"与"科技感"。

2. 指示性语义

注重产品功能分区科学性与合理性的表达，在满足良好、舒适的操作顺序的同时，兼顾功能的表达与指示，降低学习与复用成本，突出"易用性"和"清晰感"。

第二节　水射流切割机高压泵造型设计

一、方案设计

方案设计主要包括草图设计和数字化三维建模。草图设计通过手绘的方式寻找设计意图，明确初步方案。数字化三维建模通过 Rhino 等生成模型，体现细节。

1. 一期方案

一期草图主要是基于产品定位与概念，运用头脑风暴法进行方案的发散性构思，不拘泥于产品的加工难度与成本，寻找设计的可能性与不确定性。一期草图如图 4-21 所示。

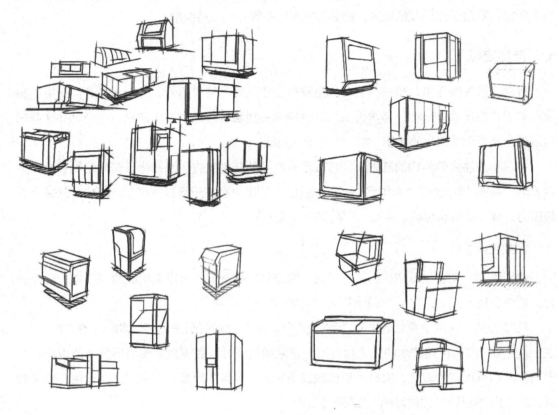

图 4-21　一期草图

一期草图主要是探索产品的主要形式，主要分为柜式和卧式两种。通过两种方式进行相关功能模块的布局与设计，注重产品功能的体现与风格的发散。

2. 二期方案

二期草图的绘制是在一期草图的基础上，考虑产品生产制造的可行性以及产品设计意图表达的可能性，进行方案的逻辑推敲，进一步细化产品造型。二期草图如图 4-22 所示。

二期草图对产品细节进行创新设计。在一期草图的基础上进行发散与逻辑推敲，但是不拘泥于现有的思维，而是进行一些突破，如对钣金工艺的思考与材料的替换、搭配等。通过几何体块堆砌式设计，突出功能分区与功能的指示性表达。

3. 三期方案

三期草图的绘制是在二期草图方案的基础上，分析各个产品类型、趋势、方案在语义表

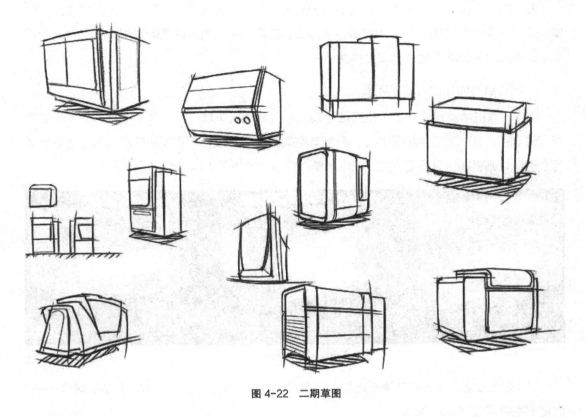

图 4-22　二期草图

达、设计制造、成本把控上的优劣势，进行方案的细节刻画，确定产品最后的呈现形式。三期草图如图 4-23 所示。

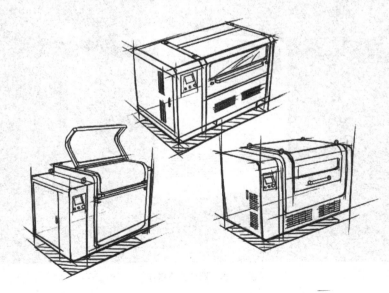

图 4-23　三期草图

基于二期草图，结合一期草图发散出的思维，确定产品为卧式产品，整体采用块体的堆砌，采用圆润的折弯倒角，增加产品的亲和力；注重钣金与其他材质的搭配，增加产品的层次感，突出产品的功能属性与文化属性。

4. 计算机辅助设计与方案选定

（1）计算机辅助设计。数字化三维建模以参数的形式呈现产品方案各项指标，体现细节与表达意图。在三期方案的基础上，分析其空间结构的合理性，在理解模块关系的基础上进行水射流切割机高压泵造型方案的三维建模。产品效果如图 4-24 所示。

图 4-24　产品效果

（2）方案选定。基于产品语义定位对方案进行研判，综合企业服务方的评价，确定终稿。选定方案效果如图 4-25 所示。

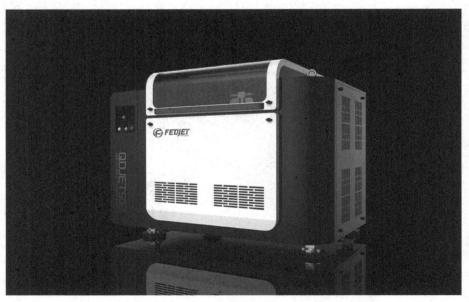

图 4-25　选定方案效果

（3）设计说明。该水射流切割机高压泵采用一体式块体堆砌整合设计，分区明确，功能指示明晰。广角观察视窗，便于增压部件的观察与调整；触摸屏操作面板，操作体验智能流畅；大圆角折弯边缘，给用户以舒适感、安全感；四角挂钩，便于航吊运输；大面积挡板，便于日常拆卸与维护；电器模块与增压模块分离，有利于紧急避险，安全高效。数字化操作方式通过既定程序配合电器模块，带动增压模块运作，从而为水射流切割机提供高压水射流。色彩搭配基于企业文化，突出产品辨识度，增强用户感知与情感认可。产品优势如下。

触摸式操作：用户操作系统便于检测各项运行数据，关键指标报警便于精准定位故障位置。

高低压运行模式：自由切换，满足多种切割材料的变换需求。

运作稳定：高密封性与高工作效率，极大地减少产品维护时间与频率，全流程操作体验流畅。

二、结构设计

1. 结构设计目的

水射流切割机高压泵模块众多，涉及水路、电路、油路、电控等多个模块，结构复杂，模块间有交互。因此在结构设计时，在考虑整体内部结构布局合理性与协调性的同时，要注重各模块交互间的便捷性与最优解，结构设计需重点达到如下几点目的。

（1）安全稳定性。作为一款增压设备，其工作环境复杂恶劣，且存在着高温、高压的环境情况，产品的稳定性直接影响到用户的安全。

（2）维护高效性。水射流切割机高压泵日常高频率的拆卸与维护需要产品内部特殊部件便于替换，产品内部布局与挡板的位置需要考虑产品日常拆卸与维护的操作习惯、心智模型以及易损部件优先级。

（3）运输需求性。基于过往的产品运输经验，此款产品在过往产品适配铲车的基础上需要适配航吊的运输需求，且对产品内部质量无影响。

2. 结构设计特点

（1）一体框架与模块化设计。内部各个模块的固定采用框架设计，将各个部件固定在内部一体式钣金框架上。油路与水路在一侧，电气控制模块在一侧，这样的布局方便维护，即使在极端状况下，不至于损害电器模块，确保产品的安全性。

（2）高频部件面对拆板。高频率替换部件直接面向拆板，方便用户日常的拆卸与维护，提高产品日常维护的效率。

（3）紧急避险设计。电器模块内部设置机箱，二次保险，提高安全系数，极端情况下最大程度保护产品，降低损失。

（4）吊环设计。直接固定在内部框架之上，稳固且价廉。

产品三视图、产品装配图、产品爆炸图如图 4-26 ~ 图 4-28 所示。

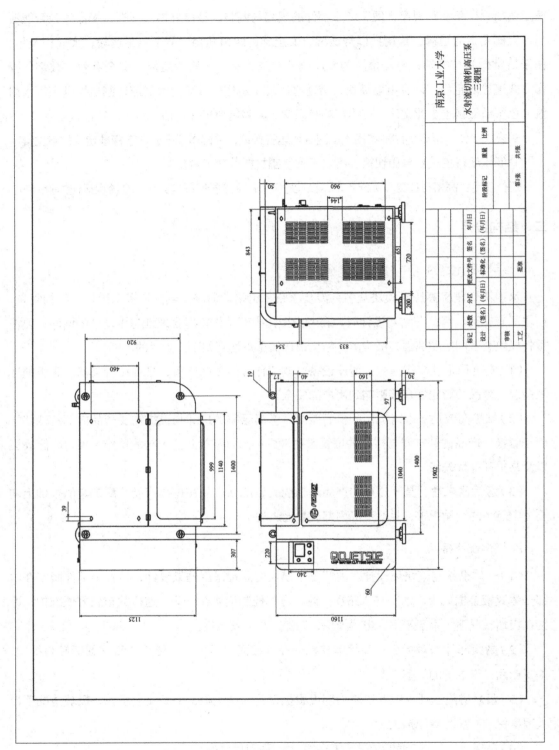

图 4-26 产品三视图

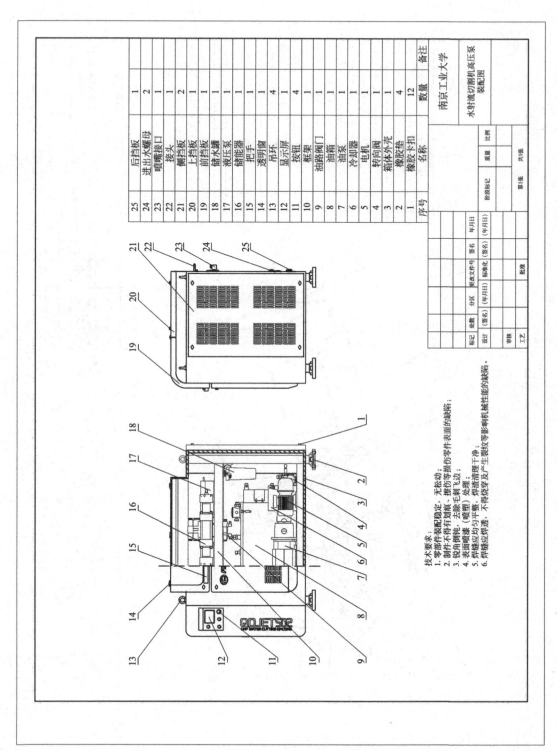

序号	名称	数量	备注
25	后挡板	1	
24	进出水螺口	2	
23	喷嘴螺母	1	
22	接头	2	
21	侧挡板	1	
20	上挡板	1	
19	前挡板	1	
18	储水罐	1	
17	液压泵	1	
16	储能器	4	
15	把手	1	
14	透明窗	4	
13	吊环	1	
12	显示屏	1	
11	按钮	1	
10	框架	1	
9	油路阀门	1	
8	油箱	1	
7	油泵	1	
6	冷却器	1	
5	电机	1	
4	转向阀	1	
3	箱体外壳	4	
2	橡胶垫	12	
1	橡胶卡扣		

技术要求：
1. 零部件装配稳定，无松动；
2. 倒件不得有划痕、磕伤等损伤零件表面的缺陷；
3. 锐角倒钝化，去除毛刺飞边；
4. 表面喷漆（喷塑）处理；
5. 焊缝应均匀平整，焊渣清理干净；
6. 焊缝应焊透，不得有穿及产生裂纹等影响机械性能的缺陷。

南京工业大学

水射流切割机高压泵 装配图

图 4-27　产品装配图

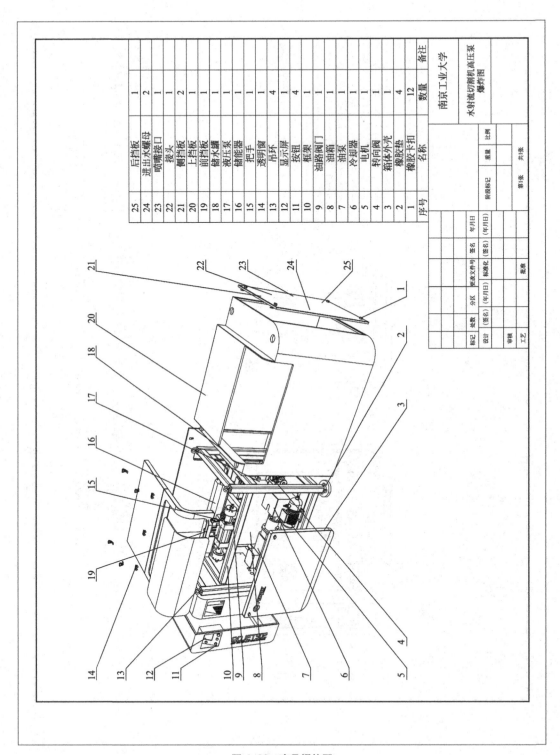

序号	名称	数量	备注
25	后挡板	1	
24	进出水螺母	2	
23	喷嘴接口	1	
22	接头	2	
21	侧挡板	1	
20	上挡板	1	
19	前挡板	1	
18	储水罐	1	
17	液压泵	1	
16	储能器	1	
15	把手	4	
14	透明窗	1	
13	吊环	4	
12	显示屏	1	
11	按钮	4	
10	框架	1	
9	油路阀门	1	
8	油箱	1	
7	油泵	1	
6	冷却器	1	
5	电机	1	
4	转向器	1	
3	箱体外壳	4	
2	橡胶垫	4	
1	橡胶卡扣	12	

南京工业大学		
水射流切割机高压泵 爆炸图		

标记	处数	分区	(更改文件号)	签名	(年月日)		阶段标记	重量	比例
设计	(签名)	(年月日)	标准化	(签名)	(年月日)				
审核							第1张	共张	
工艺			批准						

图 4-28 产品爆炸图

三、标识与色彩设计

1. 标识设计

产品标识包括产品的名称、型号等。设计服务方为南京富技腾精密机械有限公司，此次设计产品型号为 QDJET502。标识设计中字体等元素应避免锐利的边角，表达亲和的语义效果。色彩上选用企业红，突出企业热情的文化语义，同时呼应产品整体色彩，突出产品色彩层次。型号如图 4-29 所示，商标如图 4-30 所示，标识效果图如图 4-31 所示，标识定位图如图 4-32 所示。

图 4-29　型号

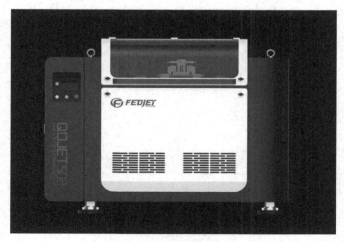

图 4-30　商标

图 4-31　标识效果图

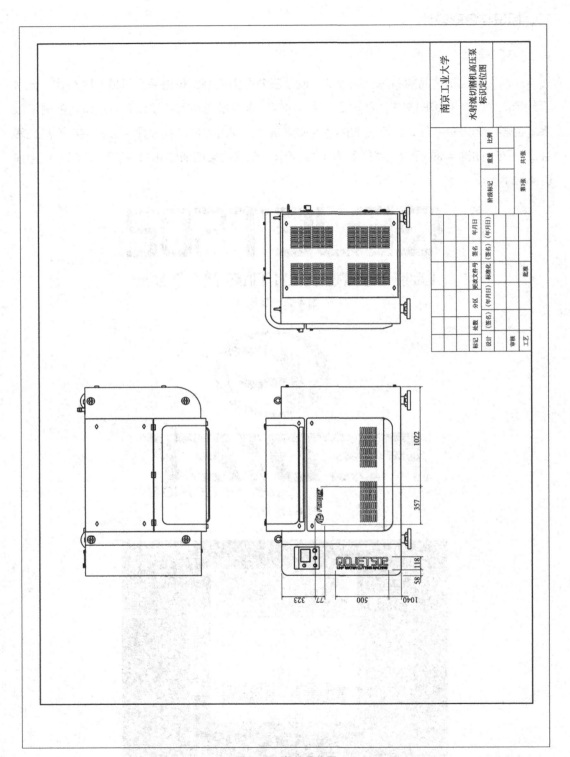

图 4-32　标识定位图

2. 色彩设计

在色彩设计方面，注重表达产品功能，起到相关的警示与引导作用，需更多地考虑与其他产品或者环境之间的关系。在此基础上，注重色彩对用户心理压力的研究也是色彩设计需要考虑的部分，通过产品间颜色的协调，让用户心理上保持平稳与舒适。

基于水射流切割机高压泵的使用环境以及用户心智，色彩上不易采用较为激烈的前进色，注重工程机械设备感的体现，其次注重产品性质、企业文化中色彩的对应关系挖掘。在色彩语义定调的基础上，选定基底色、主体色与标识色。基底色以零件、机械配件的材质色彩为主，主体以较为冷静的颜色（白色、黑色、灰色），搭配企业的文化色（红色），整体上形成一定的和谐。

方案 A 主体色选用潘通色号黑色（Black 6 C），辅色为亮白色（11-0601 TPG Bright White），点缀色为红色（Red 032 C）。

方案 B 主体色选用潘通色号亮白色（11-0601 TPG Bright White），辅色为灰色（Cool Gray 2 C），点缀色为红色（Red 032 C）。

方案 C 主体色选用潘通色号黑色与灰色（Black 6 C、Cool Gray 2 C），辅色为亮白色（11-0601 TPG Bright White），点缀色为红色（Red 032 C）。

配色色卡如图 4-33 所示。配色方案如图 4-34 ～ 图 4-36 所示。

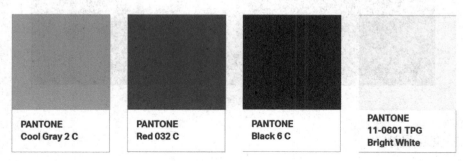

图 4-33　配色色卡

图 4-34　配色方案 A

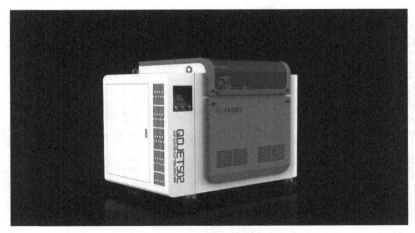

图 4-35　配色方案 B

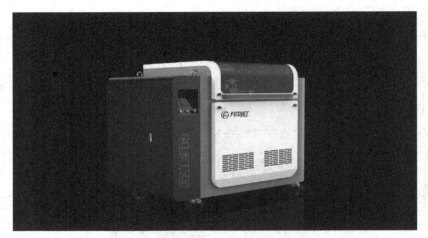

图 4-36　配色方案 C

四、人机交互设计

1. 操作交互

人机工程学让用户在体会到产品功能的基础上，更加体会到产品的便捷、可靠与舒适。人机设计通过综合分析"人 - 机 - 环境"的特征与功能，寻找产品配合人操作的最大体验维度，突出产品的易用与好用。

产品把手符合手握尺寸，方便用户握持与抬拉；观察视窗大小合适，观察清晰；操作面板内嵌式设计，对操作面板起到一定的保护作用；60°倾角方便用户操作，按钮大小、颜色清晰，方便用户操作；大面积可拆卸面板，方便日常维护与拆卸；各接口分布规整合理，方便用户识别；一体式吊环设计，适配航吊，方便产品运输与固定。人机细节图如图 4-37 所示。人机交互图如图 4-38 所示。

图 4-37　人机细节图

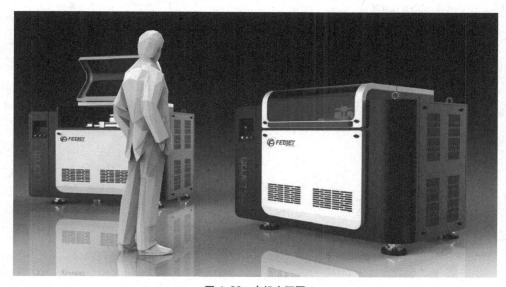

图 4-38　人机交互图

2.界面交互

操作面板尺寸为122mm×96mm，基于此设计产品界面。产品的底层逻辑、操作习惯与认知，结合用户年龄段与用户认知水准设计，按键大小与标识符合人机设计尺寸，提高产品使用效率与合理性。产品的系统设计需要重点满足的模块为检测与增压，同时注重产品封装最小化，突出简单与明晰的语义。产品功能图如图4-39所示。低保真图如图4-40所示。高保真图如图4-41所示。

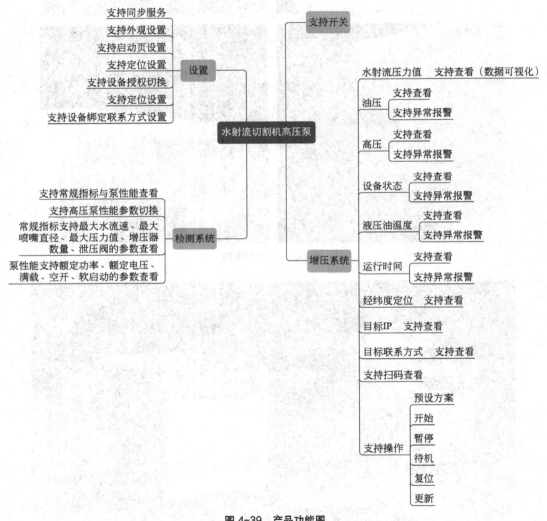

图4-39 产品功能图

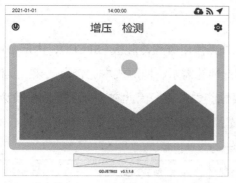
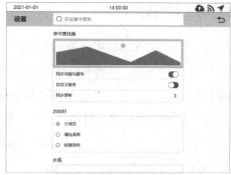

图 4-40 低保真图

图 4-41 高保真图

五、材料与工艺设计

水射流切割机高压泵使用环境恶劣，因此外壳使用普通冷轧板（SPCC），内部各部件固定采用型材为主要骨架，以满足强度、制造可行性等需求，同时成本也较为低廉。其他连接部件均采用钣金加工工艺。由于钢制材料耐腐蚀能力较弱，因此在表面需要进行喷涂处理，以达到抗腐蚀与防锈的目的。材料与加工工艺选择见表 4-17。

表 4-17 材料与加工工艺选择

名称	材料	加工工艺	表面处理
外壳	钢材	钣金	喷漆
骨架	镀锌钢板	钣金	喷漆
显示面板	LED	/	/
按钮	ABS+PVC	注塑	烤漆
观察视窗	钢化玻璃	/	/
控制柜	碳素结构钢	钣金	喷漆
支撑件	镀锌钢板	钣金	喷漆
管道	钢管	/	/
橡胶软管	NBR+NBR	/	/
单向阀	钢材	切屑	抛光
止回阀	钢材	切屑	/
油缸端盖垫圈	不锈钢	/	抛光
标识	/	丝印	丝印

六、产品最终效果

最终效果如图 4-42 所示。其他视角如图 4-43 所示。

图 4-42 最终效果

图 4-43　其他视角

七、产品语义说明

1. 象征性语义说明

（1）造型语义。产品的整体造型采用非对称的设计方法，向用户传递非平衡之美。产品形态简约现代，大圆角与小圆角折弯设计，避免用户操作磕碰的同时，给予用户轻柔、温和、安全的产品语义。在块体设计基础上配合大小倒角处理，传递给用户协调统一的感受。体块的堆砌设计，巧妙地协调内部的结构与功能之间的关系，让用户可以清晰地认知产品功能分区与部件表达的含义。大面积视窗让用户可以看到内部工作状态，给予用户心理安全感。触摸屏操作使用户在操作中感受到科技感与时尚感。

（2）色彩语义。水射流切割传达出的是洁净、稳定的语义，产品作为技术的载体，在传递技术特定语义的同时，也要符合行业业态的特色。故产品的辅色选择白色，白色传递出科技、纯洁、冷静的色彩语义，与产品属性呼应。产品主体色采用黑色，传递产品冷静、耐脏的色彩语义，同时在具有多种设备的车间内，与整体环境和其他设备协同传达严谨、顺遂、理智的心理暗示。产品的点缀色采用企业标志色红色，主要运用在产品的观察视窗把手与产品 Logo 处，给黑与白之间增加亮色点缀，突出企业热情的价值观念，增强产品的层次感，提高产品的科技属性。

（3）材质语义。金属与玻璃材质的搭配，打破过往僵硬的单一钣金件设计，透明玻璃观察视窗与白色上盖融为一体，增加产品通透感，传达精致、高端的材质语义。产品整体采用抛光工艺，表面亮泽，从视觉上给予用户科技感与纯净感。磨砂按钮在满足操作用途的同时给予用户操作的舒适感。

2. 指示性语义说明

产品整体功能分区指示明确，操作区单独拆件设计，让用户可以低成本了解产品功能。长条把手设计，便于施力，给予用户便捷感与高效感。操作面板软硬件结合，非紧急和优先级操作件数字化系统设计，提升操作趣味性。亮色实体按钮，语义清晰，遇到紧急情况及时操作，方便安全。吊环设计满足用户航吊的特定需求，大面积挡板便于维修人员拆卸、维护与操作。在操作层面上既满足目标群体功能性操作需求，也满足相关利益群体工作性操作需求。

第三节　水射流切割机高压泵设计评价

一、SD法概述

SD 法，又称语义差异法，该方法运用语义学中的言语尺度来评价，通过对量尺的研判定量地描述研究对象。[1] 评价过程的重点在于语义差异量表的设计，其主要包括评价指标与量尺，评价指标通常由一系列的形容词与其反义词组成，量尺一般有 5 ~ 7 个等级。受测者根据自身感情倾向与心理感受，对所给的指标进行量尺评级。统计者根据得到的数据进行统计，通过可视化输出结果，在兼顾量尺的前提下分析受测者的意图与受测对象的含义价值。

分析评价的步骤包括：确定被测对象；确定维度与子项；制定语义差异量表；实施；量化分析。受测者往往因为自己的感情倾向而对选项进行夸大的描述，这往往会带来误差。但是，这种分析方法因其灵活性，方便构思与统计分析，而广泛地应用于心理学、社会学、市场调查研究等领域。[2]

二、水射流切割机高压泵SD分析

1. 拟定维度与评价指标

审美层评价尺度：舒适性、流畅性、愉快感、优雅感、灵动感。

操作层评价尺度：友善性、安全性、简单性、高效性、合理性。

功能层评价尺度：清晰感、实用性、系统性、适用性、强大感。

体验层评价尺度：智能性、便捷性、亲和感、个性感、愉悦感。

情感层评价尺度：友善性、简约感、和谐感、灵活性、熟悉感。

2. 拟定评价量尺

评价量尺如图 4-44 所示。

---

[1] 章俊华 . 规划设计学中的调查分析法 16——SD 法 [J]. 中国园林，2004（10）:57-61.

[2] 王德，张昀，崔昆仑 . 基于 SD 法的城市感知研究——以浙江台州地区为例 [J]. 地理研究，2009，28（6）:1528-1536.

图 4-44　评价量尺

3. 数据问卷调查

（1）受测对象的确定。水射流切割机高压泵是一种专业性极高的泵产品，其功能、操作不为大众所知，因此受测对象的选择需选取直接与间接利益群体，如操作员、企业高管、维修员、销售商务等。

（2）样本量的确定。基于项目成本与进度，在考虑调研成本与准确度的前提下，拟定问卷共计 50 套。（笔者亲自发放问卷，不计响应率。语义评价问卷表见附录Ⅱ。）

4. 统计调研数据

将语义评价问卷发放至目标群体（实发样本量为 50，其中有效样本量为 50），其中各维度的评价分值越高，则表明该产品在该项测评上表现较好，反之则说明欠佳。根据获得的数据（见附录Ⅲ），整合绘制出各维度评价指标的分值，产出评价倾向，结果如图 4-45 ～图 4-49 所示。

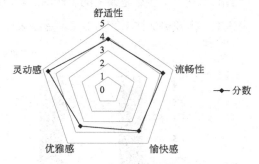

图 4-45　审美层评价指标统计

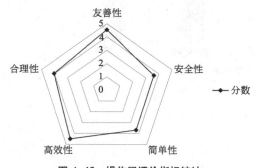

图 4-46　操作层评价指标统计

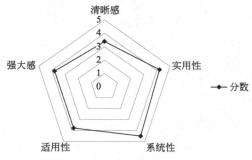

图 4-47　功能层评价指标统计

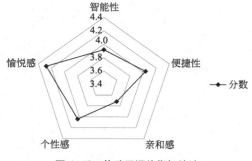

图 4-48　体验层评价指标统计

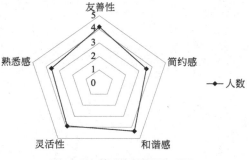

图 4-49　情感层评价指标统计

三、水射流切割机高压泵设计评价总结

方案设计语义评价的结果如图 4-50 所示，该方案在各项评价维度上都比较出色，整体呈均衡态势，各项维度的评分指标落在 3.9 ～ 4.1 分之间，本次设计的语义传达是合理的、科学的。操作层的人机界面设计评分最高，因为过往的产品采用的都是机械按钮等传统方式，操作感与体验感较弱。本次操作设计除了非极端操作都通过软件操作，更加便捷与智能，因此受到了受测者的青睐。产品的人文关怀评分最低，虽然产品的设计注重对亲和、友善语义的表达，但还是难以摆脱产品行业所传达出来的设备感与距离感，这也是后续迭代需要注重的地方，在兼顾成本的前提下更加注重用户精神层面的实现。产品的审美层经设计得到了受测者的认可，因此产品的外观语义表达是亲和的。产品的功能性表达在本次设计中评分适中，因此在后续设计的表达中，需要更加注重产品语义的造型表达，让用户可以观其形、知其意。

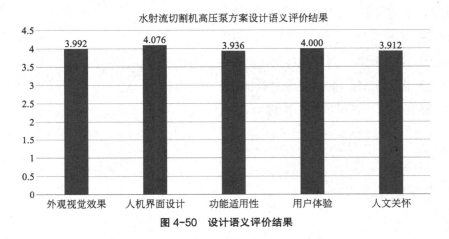

图 4-50　设计语义评价结果

附 录

附录 I 水射流切割机高压泵用户需求调查问卷

您好，我是水射流切割机高压泵工业设计项目组的成员，现针对该产品作相关用户调研。您的意见对该研究极具价值，诚邀您参与。感谢您的支持！

一、选择题

1. 您的年龄？

A. 23 岁以下   B. 24 ~ 33 岁   C. 34 ~ 43 岁

D. 44 ~ 65 岁   E. 66 岁以上

2. 您的性别？

A. 男   B. 女

3. 您的身份？

A. 操作工   B. 采销人员   C. 企业负责人

D. 设计人员   E. 其他

4. 您接触产品的频率？

A. 从不   B. 偶尔   C. 经常

5. 您是否了解系统参数？

A. 是   B. 否   C. 不确定

6. 您所接触到的水射流切割机高压泵是什么压力区间的？（1psi=6.895kPa）

A. 400 ~ 499psi   B. 500 ~ 599psi

C. 600 ~ 699psi   D. 700psi 及以上

7. 相同情况下，您会优先考虑国外品牌还是国内品牌？

A. 国内   B. 国外   C. 不确定

8. 您接触过以下哪些品牌的水射流切割机高压泵？（多选，最多选三项）

A. FLOW   B. OMAX   C. KMT   D. 大地

E. 华臻   F. 超越   G. 永晟达   H. 苏奇

I. 狮迈   J. 永昌

9、影响您购买水射流切割机高压泵的因素是什么？（多选，最多选三项）

A. 外观　　　　　　　B. 技术　　　　　　　C. 易用性

D. 质量　　　　　　　E. 功能　　　　　　　F. 品牌

G. 价格　　　　　　　H. 服务　　　　　　　I. 智能化

J. 其他

10. 您觉得国内外水射流切割机高压泵的差距主要体现在哪些方面？（多选，最多选三项）

A. 外观　　　　　　　B. 技术　　　　　　　C. 易用性

D. 质量　　　　　　　E. 功能　　　　　　　F. 品牌

G. 价格　　　　　　　H. 服务　　　　　　　I. 智能化

J. 其他

11. 您觉得当前水射流切割机高压泵在哪些方面没有很好地满足您的需求？（多选，最多选三项）

A. 外观僵硬　　　　　B. 操作复杂　　　　　C. 使用疲惫

D. 功能陈旧　　　　　E. 操作不舒服　　　　F. 维护不便

G. 其他

二、简答题

1. 您对该产品还有哪些方面的建议？

答：

2. 您觉得该产品应该给您带来什么价值？

答：

3. 您觉得水射流切割机高压泵应该给您传递一种什么样的感觉？

答：

再次感谢您的支持！祝您生活愉快！

附录Ⅱ　水射流切割机高压泵语义因素评价问卷

请依据您的直观感受从给定的维度来评价图片中的产品（液压式水射流切割机高压泵），从既定的形容词区间内选择您满意的分值，分值的高低与您的感受成正相关。请对该产品作出情感判断。

评价指标	评价项目	评价量尺
审美层 （外观视觉效果）	舒适性	舒适的 5□　4□　3□　2□　1□ 疲惫的
	流畅性	流畅的 5□　4□　3□　2□　1□ 僵硬的
	愉快感	愉快的 5□　4□　3□　2□　1□ 苦恼的
	优雅感	优雅的 5□　4□　3□　2□　1□ 粗劣的
	灵动感	灵动的 5□　4□　3□　2□　1□ 呆板的
操作层 （人机界面设计）	友善性	友善的 5□　4□　3□　2□　1□ 陌生的
	安全性	安全的 5□　4□　3□　2□　1□ 恐惧的
	简单性	简单的 5□　4□　3□　2□　1□ 笨拙的
	高效性	高效的 5□　4□　3□　2□　1□ 低能的
	合理性	合理的 5□　4□　3□　2□　1□ 荒谬的
功能层 （功能适用性）	清晰感	清晰的 5□　4□　3□　2□　1□ 模糊的
	实用性	实用的 5□　4□　3□　2□　1□ 无用的
	系统性	系统的 5□　4□　3□　2□　1□ 残缺的
	适用性	适用的 5□　4□　3□　2□　1□ 别扭的
	强大感	强大的 5□　4□　3□　2□　1□ 微弱的
体验层 （用户体验）	智能性	智能的 5□　4□　3□　2□　1□ 落后的
	便捷性	便捷的 5□　4□　3□　2□　1□ 麻烦的
	亲和感	亲和的 5□　4□　3□　2□　1□ 冷漠的
	个性感	个性的 5□　4□　3□　2□　1□ 大众的
	愉悦感	愉悦的 5□　4□　3□　2□　1□ 痛苦的
情感层 （人文关怀）	友善感	友善的 5□　4□　3□　2□　1□ 欺诈的
	简约感	简约的 5□　4□　3□　2□　1□ 冗杂的
	和谐感	和谐的 5□　4□　3□　2□　1□ 杂乱的
	灵活性	灵活的 5□　4□　3□　2□　1□ 僵硬的
	熟悉感	熟悉的 5□　4□　3□　2□　1□ 陌生的

舒适性	流畅性	愉快感	优雅感	灵动感	友善性	安全性	简单性	高效性	合理性	清晰感	实用性	系统性	适用性	强大感	智能感	便捷性	亲和感	个性感	愉悦感	友善性	简约感	和谐感	灵活性	熟悉感
4	4	5	3	4	5	5	4	3	5	4	5	4	4	5	5	4	3	5	5	4	3	5	4	3
4	4	5	4	3	5	5	3	3	5	5	5	4	4	5	5	3	3	5	5	5	3	5	4	3
5	4	5	3	3	5	5	3	5	5	5	3	3	4	4	5	3	4	5	3	4	4	3	4	5
4	3	4	4	5	5	3	4	5	5	3	3	5	5	3	3	5	5	4	3	5	4	3	5	5
3	3	4	4	4	5	3	5	4	5	3	4	5	3	3	5	5	5	5	5	4	3	3	4	5
3	4	4	4	5	3	4	4	5	5	4	5	5	4	3	5	5	4	5	4	4	3	3	4	3
5	5	3	3	5	5	4	3	5	5	3	3	5	3	5	3	5	5	5	3	3	5	3	4	3
3	5	3	3	4	5	5	3	5	4	3	5	3	4	3	5	3	4	3	4	5	5	3	3	3
3	5	3	3	5	5	4	3	5	5	3	5	5	3	3	3	5	3	4	3	5	5	4	3	3
5	5	5	5	3	3	4	3	5	5	3	3	5	3	4	3	3	5	5	5	4	3	4	4	3
3	5	4	5	3	3	4	3	5	5	4	3	4	3	5	5	3	4	5	3	4	5	4	3	3
5	5	3	5	3	4	5	3	4	5	3	4	5	3	5	3	4	3	5	5	4	4	5	4	3
4	5	3	5	4	3	4	5	4	3	5	5	5	5	3	4	5	4	3	3	5	4	3	5	3
4	5	5	5	3	4	5	3	4	5	5	3	5	3	4	5	3	4	5	3	3	5	3	3	3
5	5	3	3	5	3	4	4	5	5	4	5	4	5	5	3	4	3	4	3	3	4	3	3	5
4	5	3	4	5	4	5	3	4	3	5	5	3	4	5	3	4	3	4	5	4	3	5	5	3
3	5	3	3	5	5	4	3	5	3	5	5	3	3	5	4	3	4	3	5	5	4	3	5
5	5	3	3	5	5	4	3	4	3	4	3	3	4	3	5	3	3	5	5	4	3	5
3	5	3	4	4	5	5	4	3	5	3	5	3	5	5	3	4	3	5	5	4	3	5	5	3
4	5	4	3	5	5	3	3	4	5	3	5	3	3	5	3	4	5	5	4	3	5	4	3
4	5	3	3	3	5	5	3	5	5	4	3	5	3	5	3	5	3	3	3	5	4	3
3	4	4	5	3	5	4	5	4	5	5	3	5	3	4	5	3	4	4	3	3	3	5	3
5	5	3	3	5	4	5	3	5	5	3	3	5	3	3	5	5	4	3	5	5	5	3
3	3	4	3	5	5	4	5	3	5	3	5	5	3	4	3	5	3	4	5	4	3
3	3	4	3	5	5	4	3	5	5	3	3	3	3	3	3	5	4	3	4	3	4
5	5	4	3	5	4	3	5	3	5	5	3	5	5	3	3	5	4	3	5	5	5	3
4	5	3	4	5	5	4	3	4	5	3	4	5	5	4	3	4	5	4	5	4	3	4
3	5	4	3	5	5	3	3	5	5	3	4	5	3	4	5	4	5	5	5	4
4	5	3	5	3	5	5	3	3	5	5	5	3	3	5	4	3	5	5	5
3	4	4	5	5	5	3	4	5	5	5	5	3	4	5	4	5	4	5	5
4	5	3	4	5	4	3	4	5	5	3	4	3	3	4	5	5	5	3	3
4	5	4	3	5	4	4	3	5	4	3	5	3	4	4	3	5	4	4	5
5	5	4	3	5	4	3	3	5	5	3	5	3	3	5	4	3	5	5	3
3	3	4	3	5	5	4	3	5	5	3	3	5	5	3	3	5	3	3
3	3	4	3	5	5	4	3	5	5	3	5	5	3	3	5	5	5	4
3	3	5	3	5	4	3	5	5	3	3	3	4	3	4	5	5	3	3
3	3	5	3	5	5	3	3	5	5	4	3	4	3	3	5	3	5	5
3	5	4	5	5	5	3	5	3	3	3	5	4	4	5	5	3	5
5	5	5	3	3	4	3	5	3	5	5	5	3	4	5	5	3	5
3	5	4	3	5	5	5	3	5	5	3	4	4	5	5	4	4	3
3	5	4	3	4	5	3	3	5	5	3	5	3	5	3	4	3	3
5	5	4	3	5	4	5	3	4	5	3	5	4	3	5	5	3	3
5	5	3	3	5	4	5	4	5	3	5	3	4	4	5	5	5
3	3	3	3	5	5	5	4	3	4	5	3	4	5	5	3	5
3	3	4	3	5	5	3	3	4	4	5	5	5	5	3	5	3

参考文献

[1] 胡飞，杨瑞.设计符号与产品语意：理论、方法及应用[M].北京：中国建筑工业出版社，2003.

[2] 张宪荣.设计符号学[M].北京：高等教育出版社，2004.

[3] 陈浩，高筠，肖金花.语意的传达：产品设计符号理论与方法[M].北京：中国建筑工业出版社，2005

[4] 王书万.设计符号应用解析[M].北京：机械工业出版社，2007.

[5] 应放天，杨颖，张艳河.造型基础：形式与语意[M].武汉：华中科技大学出版社，2007.

[6] 徐恒醇.设计符号学[M].北京：清华大学出版社，2008.

[7] 张凌浩.产品的语意[M].北京：中国建筑工业出版社，2005.

[8] 张凌浩.符号学产品设计方法[M].北京：中国建筑工业出版社，2011.

[9] 李乐山.符号学与设计[M].西安：西安交通大学出版社，2015.

[10] 高力群.产品语义设计[M].北京：机械工业出版社，2010.

[11] 吴琼.产品系统设计[M].北京：化学工业出版社，2019.

[12] 吴琼.工业设计技巧与禁忌[M].北京：机械工业出版社，2009.

[13] 张春河，方芳.产品形象形成与线索理论的研究[M].北京：中国时代经济出版社，2007.

[14] 王坤茜.产品符号语意[M].长沙：湖南大学出版社，2014.

[15] 罗兰·巴尔特.符号学原理[M].李幼蒸，译.北京：中国人民大学出版社，2008.

[16] 保罗·利科.活的隐喻[M].汪堂家，译.上海：上海译文出版社，2004.

[17] 汪海波.论产品符号设计[J].包装工程，2004，3(25)：83-84，118.

[18] 吴琼.基于符号学的产品设计[J].包装工程，2007，9(28)：128-130.

[19] 丁胜年，杜军虎.从符号学看产品设计风格延续性意义[J].包装工程，2010，16(31)：45-47，83.

[20] 巩淼森，陈黎，江建民.产品设计的符号学解构[J].包装工程，2002，1(6)：103-105.

[21] 陈满儒，邓晓霞.基于符号学的产品设计研究[J].包装工程，2007(5)：115-117.

[22] 齐秀芝，杨君顺.基于符号学的产品设计研究[J].包装工程，2008(11)：160-162.

[23] 李乐山.产品符号学的设计思想[J].装饰，2002(4)：4-5.

[24] 熊兴福.基于符号学的产品设计新探[J].包装工程，2002(25)：73-74.

[25] 魏长增，张品.工业设计与产品语义学[J].包装工程，2003(2)：81-83，86.

[26] 刘胜志，朱钟炎.产品语义学和产品设计[J].包装工程，2006(1)：182-184，195.

[27] 曹建中，刘学.产品的语意特征分析[J].包装工程，2010(20)：52-52，77.

[28] 金蕾.从符号学角度看产品的形态之美[J].包装工程，2012(12)：84-87.

[29] 吴琼，褚鹏.产品符号设计过程中的噪音控制方法研究[J].包装工程，2016(16)：95-98.

[30] 郑璇，胡雨霞.产品设计中的符号学应用[J].湖北工业大学学报，2008(12)：105-106.

[31]张小兰.产品识别要素构建方法研究[J].包装工程，2011，32(14)：74-77.

[32]穆荣兵.产品形象设计及评价系统研究[J].桂林电子工业学院学报，2000（6）：81-85.

[33]王海锋.符号学在产品设计中的应用[J].商场现代化，2008(29)：96.

[34]王永祥，潘新宁.语言符号学：从索绪尔到巴赫金[J].俄罗斯文艺，2011(3)：109-115.

[35]兰娟.符号学理论助力产品设计的思考[J].山东工艺美术学院学报，2010(1)：69-70.

[36]李兵，郁舒兰，关惠元.产品语意塑造的原则及应用[J].包装工程，2009(2)：155-158.

[37]杨婧岚.符号学横组合/纵聚合理论及其对广告的运用[J].西南民族学院学报(哲学社会科学版)，2000(8)：79-81，159.

[38]孟祥斌，孙苏榕.融合语义学的产品概念设计过程模型研究[J].机械设计，2017，34(2)：110-114.

[39]倪瀚.基于人口因素的产品语义细分[J].包装工程，2011，32(24)：69-72.

[40]欧静，赵江洪.基于层次语义特征的复杂产品工业设计研究[J].包装工程，2016，37(10)：65-69.

[41]范沁红.重型装备产品语义研究[J].美术大观，2012(3)：139.

[42]邓昭，张璇.基于产品语义分析的汽车仪表盘设计方法研究[J].机械设计，2020，37(7)：132-137.

[43]傅晓云，蔡蕊屹.产品语义视角下的公共分类垃圾箱设计研究[J].装饰，2017(4)：102-103.

[44]张家祺，戴昱璐.基于产品语义学的文化衍生品设计研究与应用[J].美术大观，2018(11)：96-97.

[45]许安航，王尧，杨随先，等.产品设计中协调人机学与语义学的方法研究[J].包装工程，2018，39(6)：224-228.

[46]李幼蒸.符号学全球化和跨文化符号学的认识论意义：朝向人类理论实践的一个全球新启蒙时代[J].山东社会科学，2007，4(9)：43-47.

[47]赵毅衡.符号学的一个世纪：四种模式与三个阶段[J].江海学刊，2011(5)：196-201.

[48]赵毅衡.符号学即意义学[J].中国图书评论，2013(8)：4-6.

[49]赵毅衡.符号学作为一种形式文化理论：四十年发展回顾[J].文学评论，2018(6)：146-155.

[50]赵毅衡.形式论在当代中国[J].社会科学，2019(4)：157-166.

[51]刘宇红.索绪尔符号学二元结构的合理性研究——兼谈索绪尔符号学与皮尔斯符号学的比较[J].俄罗斯文艺，2012(1)：119-125.

[52]吴琼，张瑜，孙波.基于产品系统设计理论的文化衍生产品开发设计过程研究[J].艺术百家，2013(3)：211-214.

[53]熊兴福，杨慧珠.基于符号学的产品设计新探[J].包装工程，2004，25(1)：73-74.

[54]李亮之，郑铭磊，赵娟.设计符号与产品的趣味性[J].包装工程，2007，12(6)：13-14.

[55]吴琼，褚鹏，张瑜.设计语用学的范式研究[J].包装工程，2016，37(14)：77-80.

[56]吴琼，邰蓉蓉.符号学原理在民用开关设计中的应用研究[J].包装工程，2009，30(8)：111-113.

[57]倪瀚，刘洋.基于心理因素的产品语义细分[J].包装工程，2015，36（24）：61-64，78.

[58]刘雨，吴琼，贾凯.基于符号学的文化衍生产品设计[J].工业设计，2016(11)：106.

[59]王铭玉，宋尧.中国符号学研究20年[J].外国语（上海外国语大学学报），2003(1)：13-21.

[60]吴志军，那成爱.符号学理论在产品系统设计中的应用[J].装饰，2004(7)：19.

[61]李幼蒸.理论符号学导论台版序言[J].史学理论研究，1994(3)：115-121.

[62]Bateman J A. Transmediality and the end of disembodied semiotics[J]. International Journal of Semiotics and Visual Rhetoric (IJSVR)，2019，3(2)：1-23.

[63] Song C M，Jeon H Y. A semiotic study of regional branding reflected in the slogans of Korean regions[J]. Social Semiotics，2018，28(2)：230-256.

[64]Zhong Y L，Harada E T，Tanaka S. Usability study of electronic product with healthy older adults based on product semantic[C].Communications in Computer and Information Science，2020：127-133.

[65]Jordan P W，Macdonald A S.Design and usability pleasure and product semantics[C].Selected Papers and an Overview of the Ergonomics Society Annual Conference，2009：423-427.

[66]Zhao Y H. The fate of semiotics in China[J]. Semiotica，2011(184)：271-278.

[67]Pencak W.Semioties and the humanities[J]. Oxford University，2010(8)：243-246.

[68] Santos F P.The semiotic conception of brand and the traditional marketing view[J].Irish Journal of Management，2012(9)：95-109.

[69]Godfrey-Smith P. Senders，receivers，and symbolic artifacts[J]. Biological Theory，2017，12(4)：275-286.

[70]Yekini K C，Omoteso K，Adegbite E. CSR communication research：a theoretical-cum-methodological perspective from semiotics[J]. Business & Society，2021，60(4)：876-908.

[71]Pérez C G. Semiotic study for the analysis of communications within organizations：theoretical approach from organizational semiotics[J]. Semiotica，2017(215)：281-304.

[72]蔡佩泉.三角砂光机语义设计研究[D].南京：南京工业大学，2014.

[73]汪琦.符号学三分法指导下的南京旅游纪念品设计研究[D].南京：南京工业大学，2013.

[74]宋燕妮.南京大报恩寺文化衍生产品设计[D].南京：南京工业大学，2016.

[75]萧明瑜.皮尔斯符号三角形应用于文创产品设计之研究[D].台中：朝阳科技大学，2014.

[76]胡钢伟.产品设计领域基于概念内涵外延的名词与动词的语义分析[D].西安：西安电子科技大学，2005.

[77]张帆.基于产品造型的设计符号学研究[D]杭州：浙江大学，2006.

[78]王斐玥.产品符号学原理在产品系统设计过程中的应用研究[D].南京：南京工业大学，2012.

[79]刘全国.基于符号学的产品创新设计研究[D].武汉：华中科技大学，2007.

[80]傅译乐.基于符号学理论下的成都市城市形象标志设计[D].绵阳：西南科技大学，2017.

[81]殷友韬.基于产品符号学的水射流切割机高压泵设计研究[D].南京：南京工业大学，2021.

[82]慕璐璐.基于产品语义学理论的电磁流量计变送器设计研究[D].南京：南京工业大学，2021.

[83]琚志珍.基于符号学理论的嘉峪关文化衍生产品设计研究[D].南京：南京工业大学，2021.

[84]许定生.产品设计符号传达过程控制研究[D].南京：南京工业大学，2021.

[85]刘钰.基于产品符号学的趣味性首饰设计研究[D].南京：南京工业大学，2021.

[86]俞荷沁.基于产品符号学的数字病理诊断设备设计研究[D].南京：南京工业大学，2021.